MANUEL

DU

CULTIVATEUR DE COTON

MANUEL

DU

CULTIVATEUR DE COTON

EN ALGÉRIE

PAR

A. HARDY

CHEVALIER DE L'ORDRE IMPÉRIAL DE LA LÉGION-D'HONNEUR
DIRECTEUR DE LA PÉPINIÈRE CENTRALE DU GOUVERNEMENT EN ALGÉRIE
MEMBRE DE PLUSIEURS SOCIÉTÉS SAVANTES

ALGER
DUBOS FRÈRES IMPRIMEURS-LIBRAIRES, ÉDITEURS
Rue Bab-Azoun

1856

MANUEL

DU

CULTIVATEUR DE COTON

EN ALGÉRIE

I.

Considérations générales.

C'est une loi généralement reconnue aujourd'hui que les végétaux ont besoin d'une égale somme de chaleur pour parcourir toutes les phases de leur végétation annuelle et arriver à la maturation de leurs fruits, quel que soit le climat sous lequel on les transplante. Les espèces du Nord, transportées vers l'équateur, mettent moins de temps que dans leur pays originaire à accomplir les diverses phases qui séparent le commencement de la végétation de la maturité; l'inverse a lieu pour les espèces équatoriales transportées vers le Nord; il faut plus de temps pour qu'ils y reçoivent la somme de chaleur nécessaire à leur fructification.

Il est des végétaux qui, tout en exigeant une forte somme de chaleur pour parcourir toutes les périodes de leur existence, peuvent cependant naître et achever leur maturité sous l'influence d'une température inférieure à la moyenne de la quantité de chaleur qu'ils demandent; il suffit alors que le maximum de température de la localité coïncide avec la floraison et la formation du fruit. Le cotonnier, notamment, est dans ce cas; une expérience de douze années m'a démontré que ce végétal peut entrer en germination et commencer les phases de sa végétation sous une température minima de 15°, et qu'en outre la maturité peut s'achever ainsi que la déhiscence des fruits, sous l'influence d'une température semblable, la floraison et la fructification se faisant dans la saison d'été, dont la température moyenne est d'environ 23° 56'.

Entre ces deux points extrêmes, de la germination et de la maturation des derniers fruits, le cotonnier reçoit, à Alger, une somme totale de chaleur de 4,800 degrès, durant l'espace de huit mois. Cette observation s'applique aux cotons *Jumel* et *Géorgie*, qui sont. parmi les sortes dites *annuelles* ou *herbacées*, celles qui exigent la plus forte quantité de chaleur. La maturité du coton jumel s'opère, en Egypte, sous une température moyenne totale de 4,500 degré, pendant l'espace de six mois et demi à sept mois (1).

Quant au coton en arbre, il exige, pour mûrir, une

(1) La température moyenne de l'année est, au Caire, de 20° 12' et à Alger de 17° 84'.

somme de température de 5,500 degrés, et ne peut venir conséquemment à Alger, ni même en Egypte ; ce n'est que dans les régions les plus chaudes du globe qu'il lui est donné de prospérer.

Les indications météoroligiques suffiraient déjà pour montrer la possibilité de faire réussir certaines espèces de cotonnier, alors même qu'elles ne se trouveraient pas confirmées de tous points par l'expérience directe.

La question de la production du coton en Algérie intéresse à bon droit nos hommes d'Etat, nos économistes, nos manufacturiers ; on sait, en effet, que la France industrielle emploie annuellement pour environ cent millions de francs de cette matière première, qu'elle est obligée d'acheter en dehors du sol de ses possessions coloniales. Il y a donc, dans cette production du coton en Algérie, un germe puissant d'activité agricole et industrielle, un aliment immense pour nos manufactures et notre commerce, un précieux moyen de colonisation et de peuplement pour nos possessions du nord de l'Afrique. « Il ne faut souvent qu'une plante pour faire la fortune d'une contrée, d'un pays, » a dit M. Poivre, l'illustre colonisateur de l'île Maurice ; cet axiome paraît devoir se réaliser pour l'Algérie par la culture du cotonnier.

Rien peut-être n'était mieux fait pour éveiller l'attention publique, détruire les préventions des uns, chasser l'indifférence des autres à l'endroit de l'Algérie, que la possibilité démontrée d'en obtenir des récoltes de coton aussi étendues qu'on le voudra ; de pouvoir charger dans ses ports de nombreuses cargaisons de cette précieuse matière première, qui donne industriellement du travail à tant de bras ; qui provoque un mouvement de capitaux si considérable ; sur laquelle s'exercent tant d'intelligences ; qui est l'objet de tant de perfectionnements où la science a une si large part ; d'où sortent enfin ces produits variés si répandus que tout le monde connaît, dont tout le monde aime l'usage, et qui servent à l'habillement rustique du pauvre comme à l'élégante parure du riche (1). On

(1) Quelques chiffres donneront une idée du rôle économique et social que joue le coton dans la production des trois principales puissances industrielles du globe, et des espérances que l'Algérie peut légitimement fonder sur la culture à l'aide de laquelle on obtient cette précieuse denrée.

En 1853, l'Angleterre a importé 2,264,170 balles de coton, soit, à raison de 150 kil. par balle en moyenne, près de 350.000,000 kil. L'industrie cotonnière dans la Grande-Bretagne occupe 20,000,000 de broches, donne du travail à une population que l'on ne saurait estimer à moins de 2,000,000 d'individus, et produit annuellement une valeur d'environ 2 milliards de francs. La consommation qui, en 1842, était de 1,205,000 balles, s'est élevée, en 1853, à plus de 1,854,000, soit une augmentation de 53 p. 100 en dix ans.

Cette consommation s'accroit d'une manière plus rapide encore aux États-Unis. En 1842, l'Union n'employait que 268,487 balles ; en 1853, elle en consommait 671,000, soit une différence en plus de 150 p. 100. Le nombre des broches en activité y monte aujourd'hui à près de 3,000,000 et s'augmente chaque année. C'est vers 1790 qu'à commencé l'industrie cotonnière aux États-Unis, et c'est seulement en 1826 que leurs exportations de coton manufacturé ont pris une certaine importance.

Dans l'année 1853, la France a importé environ 460,000 balles représentant 69,000,000 kil. L'industrie cotonnière française emploie plus de 4,000,000 de broches, fait vivre une population de 600,000 personnes, et produit une valeur annuelle d'environ 600 millions de francs. De 1842 à 1853, ses progrès ont été loin de ceux de l'Angleterre et des États-Unis, et ses importations ne se sont pas accrues dans une proportion de plus de 7 p. 100.

Les autres contrées européennes manufacturières de coton consomment entre elles environ 800,000 balles ou 120,000,000 kil., et emploient 3,185,000 broches, dont 815,000 pour l'Allemagne ; 700,000 pour la Russie ; 650 000 pour la Suisse ; 420,000 pour la Belgique ; 300,000 pour l'Espagne et autant pour l'Italie.

Quant à la quantité de coton annuellement récoltée dans le monde, savait que l'Algérie pouvait produire du bétail, des métaux, des céréales, de l'huile, de la soie, du tabac, etc., etc., mais ces produits s'obtiennent aussi, dans certaines proportions, sur le sol de la France; et, bien que la mère-patrie ait un immense avantage à en demander une bonne partie à ses possessions du nord de l'Afrique, ils ne sont pas de nature à attirer autant les regards, ils ne flattent pas aussi agréablement les imaginations que le coton, produit tout exotique, dont la plante qui le porte ne peut vivre en Europe; qui ne s'obtient qu'à grand prix d'argent en Egypte et en Amérique, à 500 lieues et à 1,500 lieues des côtés de France, et que l'on peut dorénavant récolter chez soi, avoir à soi et pour ainsi dire sous la main.

Enfin, une mesure de l'ordre le plus élevé a été prise par le chef de l'État, en faveur de la production du coton; elle est du nombre de celles qui font époque dans les annales des nations et illustrent le règne sous lequel elles sont édictées; cette mesure ouvre une ère nouvelle à l'Algérie et signale à l'attention du monde entier, de la manière la plus solennelle et la plus éclatante, les avantages que l'activité humaine peut recueillir sur ce sol privilégié. On sait que nous voulons parler des magnifiques encouragements qui sont donnés à la culture du coton.

on peut l'évaluer à environ 4,700,000 balles ou 700,000,000 kil., dont 600,000 balles pour l'Inde ; 366,000 pour le surplus de l'Asie ; 112,000 pour le Mexique et l'Amérique du Sud, moins le Brésil ; 112,000 pour l'Afrique, moins l'Égypte ; 100,000 pour le Brésil ; 80,000 pour l'Égypte ; 26,000 pour les Indes-Occidentales; et 40,000 de diverses autres provenances ; le reste, c'est-à-dire environ 3,200,000 balles, ou près des trois quarts du produit total, est fourni par les États-Unis de l'Amérique du Nord.

Le gouvernement de l'Empereur, dignement secondé dans ses vues par l'administration centrale de la Guerre, par M. le maréchal comte Randon, gouverneur-général de l'Algérie, et, en premier lieu, dans l'administration locale, par M. Lautour-Mézeray, préfet d'Alger, à qui revient le mérite d'être le premier fonctionnaire civil qui ait patroné cette riche culture en Algérie, a tracé d'une main généreuse la route que les colons ont à suivre. Mais pour que les colons présents et à venir ne s'écartent pas de la voie qui leur est ouverte et qui doit les conduire au bien-être et à la fortune, il faut qu'ils se défendent avec le plus grand soin de certaines exagérations concernant l'importance que chacun d'eux doit donner à la culture du cotonnier, et surtout qu'ils se gardent de la culture abusive de cette plante sur le même sol. Ils commettraient une grave erreur si, négligeant les plantes alimentaires, les céréales, l'élevage du bétail, la production des engrais, ils faisaient du coton une culture tout-à-fait exclusive qui amènerait rapidement l'épuisement du sol.

Le Créateur veut que les trois règnes de la nature concourent simultanément au grand œuvre de la production, sous la direction de l'homme, afin que l'équilibre soit maintenu et que les forces régénératrices qui entretiennent la vie des êtres ne s'épuisent pas. Il existe une loi naturelle, absolue, en dehors de laquelle il est impossible de concevoir une agriculture prospère ; cette loi veut que l'importance du bétail corresponde toujours à l'importance des étendues cultivées, afin de produire des engrais qui restituent au sol les éléments nourriciers que les végétaux cultivés y puisent et s'assimilent pendant leur croissance. Elle est la même dans toutes les régions et partout où la main de l'homme cultive le sol. La canne à sucre, comme la majeure partie des plantes graminées, est très-épuisante ; dans nos colonies des Antilles, où la production sur place des engrais azotés ne suffit pas pour réparer les pertes éprouvées par le sol, on tire d'Europe, pour y suppléer, des quantités assez considérables d'engrais pulvérulents et concentrés, principalement du sang desséché et du noir animal. Cette circonstance démontre que les engrais ne sont pas moins nécessaires à la culture sous l'équateur que dans les pays aux longs hivers. En Algérie, conséquemment, l'emploi des engrais est également indispensable. Le bétail, après avoir donné le moyen de satisfaire ce besoin impérieux et essentiel de réparation du sol par les engrais, constitue en outre un capital qui grandit, ou bien un revenu qui s'accumule, et, de plus, un produit qui se transporte de lui-même et sans frais.

De cette loi générale, que j'appellerai d'assimilation, en dérive une autre, non moins importante à observer, qui résulte de la manière particulière dont chaque espèce de végétal puise ses éléments de nutrition dans le sol, et des antipathies existantes entre les végétaux différents qui croissent côte à côte ou qui se succèdent sur le même terrain. L'observation de ces faits a donné lieu à la science des assolements, qui consiste à rechercher dans l'ordre des plantes cultivées celles qui peuvent se succéder sur le même terrain, sans que celles qui suivent trouvent les sucs nourriciers qui leur sont particulièrement nécessaires, épuisés par celles qui les ont précédées, et de façon que la même espèce ne revienne sur le même sol que dans le délai le plus éloigné possible ; en d'autres termes, à déterminer l'ordre dans lequel les plantes doivent se succéder sur le même sol pour l'épuiser le moins possible et pour y prendre tout le développement désirable.

La succession d'une espèce à elle-même sur le même terrain est une cause d'épuisement telle, que le sol finit par se montrer infertile pour cette même espèce, et que dans ce cas, celle-ci devient, pour ainsi dire, antipathique à elle même. Les engrais mis en abondance ne font, en définitive, que retarder la répulsion du sol pour les plantes de même espèce qui s'y succèdent longtemps sans interruption, et sont aussi la cause, il n'en faut pas douter, de certaines maladies organiques qui finissent par se développer d'une manière si préjudiciable sur les végétaux soumis à ces cultures *abusives*. Des exemples frappants de l'épuisement du sol, occasionné par la culture trop prolongée de la même plante à la même place, s'observent, pour le tabac et le cotonnier, aux États-Unis, où l'on voit des districts dans lesquels ces plantes ne peuvent plus ni prospérer, ni donner des produits lucratifs. Plus près de nous, dans le département de Vaucluse, la culture prolongée de la garance sur un sol divisé et morcelé à l'infini, circonstance qui s'oppose à l'entretien du bétail et à le production des engrais, a rendu cette plante tinctoriale anthipatique à elle même, et les récoltes ne donnent pas aujourd'hui la moitié de ce qu'elles produisaient dans les premiers temps. En outre, on commence à remarquer que les racines de garance ont une propension à contracter, dans cette situation, une maladie qui tend à les détruire avant leur parfait développement et dont le caractère particulier ne permet pas de prévoir l'issue.

Ces exemples que l'on pourrait multiplier portent avec eux leur enseignement, et les colons algériens sauront en profiter pour éviter l'erreur où sont tombés un grand nombre de cultivateurs de plantes dites industrielles et coloniales, qui se sont abusés sur les bénéfices illusoires du moment, sans penser ni aux embarras ni même à la ruine qu'ils se préparaient dans l'avenir.

La pratique des assolements en Algérie est encore à établir; mais l'on peut dire avec certitude que le cotonnier sera un auxiliaire des plus précieux à cet effet. Pendant longtemps encore, et tant que la superficie des terrains en friche ou en vaines pâtures dépassera l'étendue des terres cultivées, la culture des prairies et des fourrages ne sera pas utile, et il n'y aura pas à se baser sur elle pour établir les assolements, quoique les fourrages légumineux composent les sols qui se prêtent le mieux à l'amélioration de la terre, attendu que ces plantes empruntent beaucoup plus à l'atmosphère qu'au sol leurs éléments de nutrition. Les fèves, les haricots et les *garbenços*, qui ont une assez grande importance ici, comme production alimentaire, pourront les remplacer.

L'assolement alterne parait être celui qui est le mieux approprié à la majeure partie des situations en Algérie. Il consiste à faire succéder une culture sarclée et autant que possible fumée à une céréale, ou à placer, soit une céréale entre deux cultures sarclées, soit une culture sarclée entre deux céréales. On aurait donc à alterner : blé, orge, avoine, maïs, etc., avec plantes légumineuses alimentaires, garance, coton, et même tabac, auxquels on peut ajouter dans certaines parties les pommes de terre, les patates et les betteraves. Quant aux navets, qui jouent en Europe un certain rôle en agriculture, ils ne seront guère employés ici que comme culture dérobée, à ensemencer après les céréales, et à enlever pour faire place soit au coton, soit au tabac, soit même au maïs; mais cette plante-racine ne peut guère être cultivée, du moins pendant longtemps encore, que comme légumes et non comme fourrage, attendu qu'au moment de sa formation les herbages abondent partout.

Le cotonnier, loin de constituer une plante épuisante, doit au contraire être envisagé comme une plante améliorante; les filaments soyeux, le coton, qui en composent la matière vendable, représentent une partie excessivement minime de la plante, comparée à ce qui peut retourner au sol. La graine de cotonnier contient 4,02 % d'azote à l'état humide. Un hectare peut produire de 600 à 1,500 kil. de graine, selon la variété de cotonnier et le bon état de la culture. Si la graine concassée est employée comme engrais, ou si mieux encore on en extrait l'huile sur place et que le tourteau retourne au sol, on aura récolté sur un hectare de 24 kil. 12 à 60 kil. 30 d'azote. La nature pivotante des racines, la grande surface que la plante occupe dans l'atmosphère, donnent à croire que la majeure partie de cet azote est puisée dans l'air. Dans tous les cas, si la totalité de cet azote était soustraite au sol, il y aurait restitution complète et aucun appauvrissement. Les tiges semi-ligneuses du cotonnier ne peuvent être employées en litière et converties en fumier, mais elles peuvent être brulées, et leurs cendres, étant répandues sur le sol, mêlées à la graine concassée ou au tourteau de cotonnier, restitueraient au sol les principes alcalins qui lui auraient été enlevés.

Le fumier de ferme, à l'état normal, contient 0,41 % d'azote. La fumure ordinaire avec ce fumier se fait à raison de 40,000 kil. à l'hectare soit 164 kil. d'azote Il ne faudra que 4,079 kil. de graine ou de tourteau de cotonnier pour produire le même effet que 40,000 kil. de fumier à l'état normal.

On voit tout de suite quelle haute utilité l'agriculture peut retirer de la graine du cotonnier considérée comme engrais; il importe au plus haut point qu'elle ne perde pas le bénéfice de cette circonstance. Un moment viendra où les récoltes de graines dépasseront de beaucoup les besoins des ensemencements; à cette époque seront disponibles de grandes quantités de semences de cotonniers qui pourront être employées industriellement pour l'extraction de l'huile. Dès à présent, sans nul doute, il y aurait lieu de prendre des mesures destinées à encourager sur place la création d'usines pour le traitement des huiles que renferment les semences du cotonnier, afin que les tourteaux restent à la disposition de nos cultivateurs qui ne manqueront pas de les employer comme engrais, étant d'un transport facile et peu dispendieux. L'exportation des huiles extraites se ferait alors dans de bonnes conditions économiques; tandis que si elle avait lieu sous forme de graine, les frais de transport seraient énormes et porteraient inutilement sur une matière à éliminer de 80 %, représentant le tourteau; de plus on contribuerait à l'appauvrissement du sol en enlevant annuellement de 24 à 60 kilog. d'azote par chaque hectare cultivé en cotonniers.

De cet examen rapide, il résulte donc que la culture du cotonnier trouve en Algérie la somme de température nécessaire pour que les propuits mûrissent complètement, et que cette production est à l'avantage commun de la France et de l'Algérie. La première en retirera un aliment précieux et assuré pour son activité industrielle et manufacturière, aliment qu'elle ne se procure plus qu'avec des dificultés qui menacent de devenir chaque jour plus grandes, et qui ne disparaîtront même pas devant les hauts prix payés à l'étranger; la seconde y trouvera un puissant auxiliaire pour rendre son agriculture prospère, et attirer des capitaux avec des populations; résultat immense dans un moment où toute la question de l'Algérie semble se résumer dans ces deux mots : *capitaux* et *populations.* Avec ces deux puissants leviers, en effet, et en mettant a profit l'expérience déjà acquise, l'Algérie produira des merveilles, aujourd'hui surtout que, grâce au dévouement de notre armée et des chefs qui la commandent, le sol est déblayé de toute entrave, que la paix la plus profonde règne partout, et que les indigènes eux-mêmes, confiants dans un gouvernement tout paternel, viennent de plus en plus s'associer à nos travaux (1).

Dans les indications pratiques qui vont suivre, je m'attacherai à décrire des opérations de culture aussi parfaites que possible. On doit bannir comme excessivement dangereuse cette doctrine, déjà si profondé-

(1) On sait que M. le Gouverneur-Général, par une mesure toute remplie de bienveillance à l'égard des Arabes, et dont ils devront lui être reconnaissants, veut les faire participer aux avantages que peut offrir la culture du cotonnier, en leur faisant opérer des essais qui auront pour résultat de les familiariser avec cette production nouvelle. Ils ont dignement répondu à son appel et ont obtenu des résultats remarquables sur plusieurs points, notamment à Guelma.

ment enracinée en Algérie, qui consiste à demander à la terre des récoltes abondantes sans songer à lui donner la somme de travail qu'elle réclame dans ce but. Les récoltes, de même que tous les résultats en agriculture, seront toujours en proportion des peines des soins, des sacrifices qui auront été employés pour les obtenir ; pourvu toutefois que ces peines, ces soins, ces sacrifices soient appliqués à propos, avec intelligence, avec discernement, et avec *une connaissance parfaite de la nature des végétaux* à la culture desquels on se livre.

On ne saurait entrer dans des détails trop minutieux et trop explicites sur les soins généraux et particuliers que réclament la plupart des cultures industrielles, notamment celle du cotonnier, afin que les colons puissent bien se pénétrer de la nature des conditions qu'ils ont intérêt à rechercher, et dont ils doivent s'assurer pour obtenir les résultats qu'ils ambitionnent, c'est-à-dire une culture qui leur rende le plus possible. Il est d'autant plus essentiel d'insister à ce sujet, que la majeure partie d'entre eux sont enclins à beaucoup trop simplifier leurs opérations agricoles, au point qu'elles pèchent presque toujours par l'une de leur parties essentielles, et que presque toujours le résultat vient renverser les espérances qui avaient été fondées sur elles. Généralement, on entreprend des cultures plus considérables que ne le comportent les moyens d'action dont on dispose ; aussi dans cette condition, le capital engagé, bien loin de fructifier, dépérit. Ces dispositions sont malheureusement flattées et encouragées par les gens du monde, qui trop souvent ignorent les préceptes les plus élémentaires de la culture du sol, mais dont cependant l'opinion, considérée comme infaillible, est par cela même très souvent nuisible aux améliorations agricoles.

II.

Description du genre cotonnier, et indication des espèces à cultiver en Algérie.

Le genre cotonnier, *Gossypium* Lin., se compose d'arbrisseaux et d'arbustes dont le bois est de contexture molle et spongieuse : les premiers s'élèvent à 3 ou 4 mètres; les seconds, à 1 mètre ou 2 mètres 50 au plus. Les racines des cotonniers sont plutôt pivotantes que traçante, et s'enfoncent profondément dans la terre. Les tiges se divisent à peu de distance du sol, et se garnissent de rameanx alternes plus ou moins inclinés. Le port est ou buissonneux ou pyramidal.

Les feuilles alternes, longuement pétiolées, munies à leur base de stipules caduques, oblongues, plus ou moins ciliées, sont palmées, digitinerviées ; à trois, cinq, quelquefois sept lobes plus ou moins profondément découpés et plus ou moins arrondis.

Les fleurs, portées sur un long pédoncule, naissent à l'aisselle des feuilles ; elles sont entourées d'une involucelle à trois folioles sessiles, profondément dentelées, et plus grandes que le calice. Le calice est petit cupuliforme, à cinq dents obtuses ; la corolle est composée de cinq pétales droits, de couleur jaune plus ou moins claire mutabile, passant au rouge lie-de-vin, l'ovaire est surmonté d'un style simple, claviforme, silloné, et terminé par trois à cinq stigmates souvent soudés ; les étamines sont monadelphes ou soudées à leur base, et formant un tube au tour du style.

Le fruit est une capsule ovale, oblongue ou acuminée, à trois ou cinq sutures externes, à trois ou cinq loges polyspermes. Les semences sont nombreuses, grosses, ovales, pointues, recouvertes de filaments particuliers lesquels ne sont autres que le coton.

Les descriptions botaniques des espèces du genre cotonnier sont très incertaines et laissent beaucoup de confusion. De Candolle, dans son *Prodrome*, en indique treize espèces dont l'indentité reste douteuse. Il existe un nombre beaucoup plus considérable de variétés produites par la culture, qu'il est impossible de rapporter aux espèces décrites imparfaitement par M. de Rhor, naturaliste suédois et directeur des cultures de son gouvernement à l'île de Sainte-Croix, en 1770, et par M. Philibert de Lasteyrie en 1808. Une bonne monographie du genre cotonnier reste encore à faire : cet ouvrage, bien établi, présenterait beaucoup d'intérêt, et serait de la plus grande utilité.

Les cotonniers sont originaires de toute la région tropicale : on les rencontre à l'état spontané, en Asie, en Afrique et en Amérique, dans les limites tracées par les lignes équinoxiales ; de là, la culture les a disséminés sur une foule de points du globe, dont la température moyenne est notablement moins élevée.

Les cotonniers, par rapport à la plus ou moins grande extension de leur développement, sont désignés sous les noms de *cotonniers en arbres* et de *cotonniers herbacés.* Quoique fondée en apparence, cette dernière désignation n'est pas exacte. Tous les cotonniers sont ligneux, quelque soit le développement inhérent à leur espèce ; la désignation *herbacés* n'a donc pu s'appliquer à la consistance du végétal, mais bien plutôt à sa durée, que l'on a voulu certainement indiquer ainsi. Dans ce cas, il conviendrait mieux de les appeler *annuels*. Il est toutefois surabondamment démontré, d'un autre côté, que la durée des cotonniers dits *herbacés*, est entièrement subordonné au climat sous lequel ils sont cultivés; dans les pays chauds, ils sont régulièrement persistants pendant plusieurs années; dans les pays où ils ne trouvent pas une température suffisamment élevée et prolongée pour que leur croissance se continue sans interruption, ces mêmes cotonniers sont annuels sous l'influence de cette force majeure; ils périssent par le froid. En Algérie, leur durée est dépendante de la rigueur plus ou moins grande des hivers et de la nature plus ou moins compacte, humide et froide des terrains où ils se trouvent. Dans les terrains argileux, qui retiennent l'eau en excès, et qui sont conséquemment très froids pendant l'hiver, les cotonniers, quelle que soit la douceur relative de l'hiver, périront toujours; dans un sol sabloneux, léger, perméable, lorsque l'hiver sera doux, c'est-à-dire lorsque le thermomètre ne descendra pas plus bas que cinq à six degrés audessus de zéro, et qu'ils seront abrités surtout de l'action continue des vents d'Ouest, un certain nombre de plants de cotonniers pourront survivre, mais il ne serait pas prudent de fonder généralement l'espoir d'une exploitation régulière et productive sur un état de choses aussi précaire. D'abord, soit débilité dans la constitution, ou lésion non apparante de quelques organes, une bonne partie des sujets composant la plantation meurent des suites de la première impression d'un froid un peu vif; ceux qui ne meurent pas tout à fait et qui conservent les apparences d'une vie latente émettent quelques jets le long des tiges dès que la température s'élève au printemps, c'est-à-dire vers la fin d'avril ; mais, pour la plupart, cette végétation n'est que de courte durée, et une partie meurt aussi comme épuisée sous l'influence vivifiante du printemps, qui n'a fait que leur redonner une vie factice. Enfin ceux qui résistent à toutes ces épreuves, émettent des rameaux nombreux que l'on peut diminuer par la taille, mais qui n'acquièrent jamais la vigueur des plantes venues de semis la première année, même avec le secours des irrigations ; dans les terres non irriguées les capsules sont notablement plus petites, le coton qu'elles renferment est moins adondant et moins long ; somme toute, le produit paraît bien inférieur à celui qui provient de plantes obtenues de semis faits dans l'année. Depuis douze ans j'ai observé chaque année des faits semblables dans mes champs d'expérience, et, tout récemment, je les ai vu se reproduire exactement de la même manière chez les colons qui avaient conservé leurs cotonniers avec l'espoir d'en tirer encore une récolte l'année suivante, ou d'en faire tout simplement un objet d'étude.

La dénomination d'*annuels* donnée à ces cotonniers ne serait pas rigoureusement vraie pour l'Algérie, quoiqu'il faille cependant les considérer ainsi sous le rapport agricole ; mais elle n'est plus du tout applicable lorsque ces végétaux vivent dans des régions plus rapprochés de l'équateur.

Je pense donc qu'il serait plus convenable de désigner les espèces de cotonniers à petite dimension sous le nom de *cotonniers arbustes*, et d'entendre par *cotonniers en arbre* ceux qui prennent un grand développement et s'élèvent à trois ou quatre mètres.

Dans chacune de ces deux grandes classes, les caractères distinctifs des espèces sont assez difficiles à bien saisir ; ils ne subsistent guère que dans les découpures plus ou moins profondes des feuilles et dans les extrémités de leurs lobes plus ou moins arrondies, dans la surface plus ou moins glabre ou plus ou moins velue des rameaux et des feuilles, enfin dans la dimension des fleurs et leur couleur jaune plus ou moins foncé. Les caractères les plus saillants résident dans la structure inférieure du fruit, par la longueur relative du coton qui adhère aux graines, et par la surface même de ces graines. C'est sur ces dernières que M. de Rhor a établi les caractères des espèces qu'il a indiquées, caractères que M. Philibert de Lasteyrie n'a fait que repoduire. On peut encore établir de bons caractères pour leur description sur divers autres parties de ces végétaux ; mais je n'ai ni le temps; ni encore tous les matériaux nécessaires pour les bien arrêter et les coordonner entre eux ; d'ailleurs ils ne seraient guère indispensables que dans le cas où j'aurais à établir une monographie complète du genre cotonnier ; or, je ne m'occupe ici que du côté agricole de ces intéressants végétaux.

Les graines offrant les caractères les plus saillants et les plus constants, c'est sur elles que je m'appuierai pour les descriptions à faire. En général, les semences à surface lisse portent des cotons longs, tandis que celles à surface feutrée portent des cotons plus ou moins courts. Il faut ajouter que les cotonniers à filaments courts et à graines feutrées sont plus précoces que ceux à graines lisses et à filaments longs.

COTONNIERS EN ARBRE.

A. *Graines lisses.*

1° *Cotonnier indien* ou *de Bourbon.* — Cette espèce très vigoureuse, s'est élevée à deux mètres passés ; l'extrémité des rameaux est légèrement pubescente, ainsi que les jeunes feuilles ; les fleurs sont de moyenne grandeur, de couleur jaune pâle. Elle n'a pas fructifié; les fleurs commençaient seulement à se montrer à la fin d'octobre, lorsque l'abaissement de la température vint arrêter la croissance de la plante et amener rapidement sa destruction.

2° *Cotonnier de Fernambouc* ou *du Brésil.*— Semées au commencement de mai, les plantes de cette espèce avaient atteint deux mètres cinquante centimètres de hauteur à la fin d'octobre. Les feuilles et les rameaux étaient totalement glabres; les lobes des feuilles un peu pointus ; les fleurs grandes, d'un beau jaune avec un onglet brun très prononcé à la base des pétales. Ces plantes ont péri par l'abaissement de la température, avant d'avoir donné des fruits. Des échantillons qui me sont parvenus du pays originaire avec les semences, m'ont fait voir que cette espèce produit un coton fin, assez long, et d'un beau blanc ; le cotonnier de Fernambouc présente, en outre, cette particularité que les graines d'une même loge du fruit sont agglomérées et comme soudées ensemble ; on peut en détacher le coton sans quelles se désunissent. On connaît cette espèce sous le nom vulgaire de coton *natté.*

Je n'ai pu conserver les éléments nécessaires pour continuer les essais de ces plantes qui, d'ailleurs, ne rencontrent pas ici la somme de chaleur suffisante pour parcourir toutes les phases de leur végétation annuelle. Il existe néanmoins dans l'établissement un exemplaire en pot de la première espèce, que l'on abrite pendant l'hiver et qui, depuis quatre ans, n'a donné qu'une fois quelque fruits chétifs.

COTONNIERS ARBUSTES.

A. *Graines lisses.*

1° *Cotonnier jumel.* — Cette espèce est la plus répandue en Égypte et donne un coton d'une bonne longueur et assez fin; son introduction en Égypte est due, dit-on, à un voyageur du nom de *Jumel.* Le cotonnier jumel est celui de tous les cotonniers arbustes qui s'élève le plus; sa hauteur varie de un à deux mètres, selon la nature du terrain et l'humidité qu'il y rencontre. En Algérie, il est un des plus tartifs à mûrir ses fruits. Ses feuilles et ses rameaux sont entièrement glabres; les fleurs sont très grandes, d'un beau jaune, passant au ronge lie-de-vin après que la fécondation est opérée. Le port de la plante est pyramidal; les capsules sont nombreuses et contiennent un coton assez abondant. Les graines sont noires, lisses et se détachent très facilement du coton.

2° *Cotonnier Géorgie longue soie.* — Cultivé dans la Caroline du Sud des États d'Amérique, cette espèce a la plus grande analogie, quant aux *facies,* avec le jumel, et semble n'en être qu'une variété qui s'est constituée sous l'influence d'un milieu déterminé par les causes locales, telles que: le sol, l'humidité de l'atmosphère, l'air de la mer, etc.; il est cependant plus grêle dans ses tiges et dans ses rameaux, et paraît en même temps un peu plus délicat en culture. Mais sa différence essentielle avec le jumel réside dans la longueur et l'extrême finesse de ses filaments. Ses graines quoique généralement nues, noires et lisses, offrent cependant trois caractères particuliers auxquels se rattachent les qualités qui distinguent essentiellement le coton Géorgie longue-soie, c'est-à-dire la longueur, l'extrême finesse et l'élasticité. Les graines auxquelles sont attachés les filaments les plus longs, les plus fins et les plus soyeux, ont un petit plumasseau composé de poils particulier à chaque extrémité; celles qui n'ont qu'un seul plumasseau, alors généralement placé à la pointe de la graine, donnent un coton moins beau; enfin, les graines tout à fait nues, qui n'ont pas de plumasseau, portent du coton inférieur aux deux catégories précédentes. La maturité de cette variété est assez tardive.

B. *Graines feutrées.*

1° *Cotonnier Louisiane.* — Cette sorte donne le plus beau coton courte-soie, c'est-à-dire qu'elle est, dans cette catégorie, celle qui produit les filaments les plus fins, les moins courts, les plus soyeux et les plus blancs. La plante s'élève à un mètre et quelquefois plus; son port est buissonneux; les rameaux et les feuilles sont couverts d'une légère villosité; les fleurs grandes, d'un jaune sale, ont un onglet pourpre à la base des pétales. Les capsules sont grosses, ovales, nombreuses, et renfermant un coton abondant. La graine est feutrée et de couleur verte.

2° *Cotonnier de Castellamarre.* — Cette espèce a beaucoup d'analogie avec le Louisiane; seulement les extrémités des lobes des feuilles ne sont pas tout à fait aussi arrondies; les filaments ont un peu moins de finesse et de longueur, ils ne sont pas non plus aussi abondants ; le duvet, composant le feutrage qui existe à la surface des graines, est d'un gris brun ; la précocité est la même que pour le Louisiane.

3° *Cotonnier de Malte.* — Il a la plus grande analogie avec l'espèce cultivée à Castellamarre ; à peine en diffère-t-il par la couleur du feutre de la graine, qui est gris.

4° *Cotonnier d'Ivice.* — Paraît être indentiquement le même que le cotonnier de Malte ; du reste, les cotonniers cultivés à Malte, à Castellamarre, à Motril, à Ivice, ont la plus grande ressemblance entre eux ; ils paraissent avoir une origine commune, et s'être répandus ensuite dans le bassin de la Méditerranée.

5° *Cotonnier de Macédoine.* — Il s'élève de 0 m. 80 à 1 mètre ; les rameaux en sont un peu réfléchis ; ses feuilles, de grandeur moyenne, à lobes très-arrondis, ont une couleur vert clair ; la fleur est de grandeur moyenne, d'un jaune pâle ; les capsules sont arrondies, les graines petites, à pointe rigide, recouvertes d'un feutre très serré, très court et de couleur blanche. Le coton de cette espèce est grossier, court, très blanc et fortement adhérent à la graine.

6° *Cotonnier du Kiang-Nan*, Chine. — La plante a un port pyramidal ; ses tiges droites et rigides s'élèvent de 0 m. 80 à 0 m. 90 ; les rameaux s'étendent horizontalement ; les feuilles sont petites, à lobes arrondis et d'un vert foncé ; les fleurs, petites aussi et de couleur jaune sale, portent un onglet couleur marron à la base des pétales ; les capsules, presque sphériques, renferment, très tassé, un coton d'une blancheur éblouissante, gros, crépu, très court et très adhérent à la graine. La graine est petite, et couverte d'un feutre blanc très serré et très court. Cette espèce est la plus précoce, pour la maturité, de toutes celles qui ont été essayées, mais le coton en est tellement court, qu'il ne paraît pas qu'il y ait avantage à le cultiver au point de vue de la production.

7° *Cotonnier Nankin* ou *de Siam*. — Élévation de 0 m. 80 à 1 m. 20; plante très ramifiée, à peu de hauteur au-dessus du sol; les feuilles sont grandes, découpées, à lobes presque anguleux, d'un vert foncé, et recouvertes d'une légère villosité ainsi que les rameaux. La fleur est grande, d'un jaune pâle, avec un onglet de couleur marron foncé à la base des pétales; les capsules sont nombreuses, grosses, ovales et terminées par une petite pointe; elles renferment un coton abondant, court, de couleur rousse, très adhérent à la graine, qui est fortement recouverte d'un feutre épais de couleur rousse.

Ces diverses espèces et variétés que j'ai expérimentées avec le plus grand soin, ont des qualités particulières et quelquefois relatives, qui font que la culture de l'une offre des avantages dans une condition et n'en donne plus dans certaines autres. Je résume dans le tableau suivant les avantages que chacune peut offrir, en même temps que leur rendement comparatif, et le bénéfice net qu'elles peuvent donner en terre irriguée :

Tableau comparatif des diverses sortes de cotonniers essayés.

NOMS DES ESPÈCES.	ÉPOQUE moyenne de la maturité	POIDS du coton brut par hectare.	PROPORTION du coton avec la graine.	PRODUIT du coton net par hectare.	VALEUR estimative du coton par kil. (moyenne.)	VALEUR brute du produit par hectare.
		kil.		kil.	f. c.	f. c.
Géorgie longue-soie	nov. et déc.	1,460	20 p. %	292	7 00	2,044 00
Jumel	—	1,676	22 —	375	3 00	1,125 09
Louisiane	oct. et nov.	2,260	30 —	678	2 25	1,525 00
Castellamarre . . .	—	1,850	30 —	555	2 00	1,110 00
Malte et Ivice. . .	—	1,725	30 —	517	2 00	1,034 00
Nankin	—	2,230	30 —	669	1 25	836 25
Macédoine.	—	1,210	28 —	338	1 50	507 00
Kiang-Nan.	sept. et oct.	1,024	25 —	261	1 50	391 50

Les cotonniers Géorgie longue-soie, à cause du haut prix de leurs produits, et les cotonniers Louisiane, à cause de leur haut rendement et de leur précocité, sont les deux sortes qui, de toutes les autres, demeurent les plus avantageuses à cultiver. A elles deux, elles pourront occuper les situations diverses de sol et d'exposition qui peuvent convenir aux cotonniers en général. La culture du Géorgie long, à côté de celle du Louisiane, ne lui sera supérieure que si elle se trouve dans certaines conditions particulières et requises pour que le produit acquière la qualité essentielle qui lui vaudra le haut prix; il m'a été démontré de plus que le Louisiane peut venir très-bien là où ne réussirait pas au même degré le Géorgie long. Ce sont des considération qui seront développées dans le § suivant.

III.

Choix du sol et de l'exposition.

Les cotonniers en général ont besoin, pour se développer avec vigueur et donner des produits satisfaisants, d'une terre profonde, très perméable, substantielle, plutôt friable que trop forte. Les sols argilo-calcaires, qui forment la majorité de la croûte arable en Algérie, conviennent à la croissance des cotonniers, tandis que ces végétaux ne donnent aucuns bons résultats dans les terres fortes, glaiseuses, froides, qui retiennent les eaux pluviales à leur surface pendant l'hiver et se fendillent ou se crevassent profondément pendant l'été.

Ces généralités doivent recevoir de nombreuses modifications, selon les expositions, la nature des produits que l'on se propose d'obtenir, et les espèces ou variétés que l'on veut cultiver. En tenant compte de la bonne composition du sol pour la culture des cotonniers, il ne faut pas moins se préoccuper des conditions physiques qu'il doit également réunir pour convenir au même végétal. Si les racines pivotantes de ce dernier doivent se trouver en contact avec un sol profond et perméable, afin qu'elles puissent s'enfoncer et s'étendre, ainsi que le demande leur disposition, il faut aussi apporter toute son attention à accumuler le plus de chaleur possible autour de la plante, c'est là un point capital ; il est donc essentiel de rechercher des terrains qui, par leur nature, absorbent et retiennent la plus grande somme de calorique. C'est indiquer assez que la terre doit être légèrement sableuse ; dans le cas où elle le serait trop, les cotonniers n'y trouveraient plus en suffisante quantité les diverses substances nécessaires à leur nutrition. Si à cette condition de divisibilité on ajoute une nuance foncée tirant sur le noir, couleur qui est la plus propre à absorber les rayons solaires ; si, en outre, le sol conserve une fraîcheur suffisante pendant l'été, ou bien si, par des irrigations, l'on peut remplacer l'humidité que l'évaporation enlève en excès, on aura à peu près réuni les conditions physiques d'un terrain normalement approprié à la belle croissance du cotonnier sous ce climat.

L'élévation au-dessus du niveau de la mer doit être prise en considération. On sait que la température moyenne diminue au fur et à mesure que le terrain s'élève, dans la proportion de 1° par 168 mètres de hauteur. A six ou sept cents mètres d'altitude supramarine, la culture du cotonnier devient excessivement précaire, et cette plante ne trouve plus alors une somme de chaleur suffisante pour arriver à complète maturité.

La température des plaines de l'intérieur diffère aussi de celle du littoral et du voisinage de la mer. Si la chaleur diurne est quelquefois plus élevée dans le premier cas, en revanche, le refroidissement nocturne y est plus considérable ; les vents, en outre, agissent sans obstacles et déplacent constamment le calorique. Dans cette circonstance, il faut choisir les terres qui s'échauffent le plus facilement, et qui conservent le mieux leur calorique acquis, c'est-à-dire qui soient légères. Dans les situations faiblement en déclive, à l'exposition du midi ou du levant, qui se trouvent à la base des coteaux et sont abrités par eux, les terrains pourront sans inconvénient être un peu plus forts, attendu que dans cette configuration du sol, ils sont plus échauffés par les rayons du soleil, et retiennent mieux la chaleur qui les pénètre.

Ceci posé comme généralité, il reste à rechercher les conditions particulières qui conviennent plus spécialement à chaque variété, ou à chaque espèce. Les variétés se sont formées des espèces, sous l'influence prolongée d'un certain milieu et d'un certain régime. Elles perdent bientôt les qualités ou les caractères particuliers qui les distinguent ou les rendent utiles, dès qu'elles sont soustraites aux influences qui les leur ont donnés.

Ainsi le coton *Géorgie longue-soie* est une variété remarquable par la longueur, la finesse et l'élasticité de ses filaments, qui est sortie du cotonnier dit Jumel (Gossypium Vitifolium Cav.) et qui a été obtenu par la culture sur le rivage de la Floride et de la Caroline du Sud sous l'influence de terrains et d'une atmosphère naturellement saturés des émanations salines de la mer. Transportée en dehors de cette condition, cette variété dégénère ; c'est pourquoi la production exceptionnelle qui en découle a été circonscrite, en Amérique même, à une localité relativement fort restreinte. La même loi existe sans conteste en Algérie. Si le précieux filament y conserve ses qualités primitives, ce sera à la condition de le placer dans un milieu identique à celui où il a pris naissance. On en peut voir un exemple frappant dans les récoltes qui se sont opérées ; les localités les plus voisines de la mer produisent les filaments les plus longs, les plus soyeux, les plus fournis, les plus beaux. Les localités qui s'en éloignent, surtout les terrains naturellement graveleux et caillouteux, ne donnent qu'un coton dont la graine s'est développée au détriment du filament, qui, dans ce cas, est rare, court, peu nerveux et tout à fait inférieur.

La production du coton Géorgie longue-soie n'offrira d'avantage réel sur celle du coton Louisiane qu'autant que le premier sera de qualité tout à fait supérieure, et cette qualité supérieure ne pourra s'obtenir, c'est un fait avéré, que dans certains terrains parfaitement choisis, ayant pour condition essentielle la proximité de la mer, indépendamment des autres conditions chimiques et physiques qui ont été indiquées ci-dessus. Les terrains naturellement salés conviennent admirablement au développement des plus belles sortes de Géorgie long ou *sea Island.* Dans la Caroline du Sud, on regarde comme éminement favorables aux belles qualités de longue soie les localités très voisines de l'Océan, où les eaux douces se rencontrent avec les eaux salées.

Les cotons à courte soie et à graines feutrées réussissent très bien aussi dans cette situation exceptionnelle ; mais ils ont en outre l'immense avantage de donner d'excellents produits dans l'intérieur des terres, et de réussir à merveille là où le Géorgie longue-soie tend sans cesse à dégénérer.

On peut dire que le coton Géorgie longue-soie devra toujours voir la mer et croître dans des terrains choisis pour qu'il puisse donner des produits de belle qualité; tandis que les cotons courts et à graines feutrées, notamment la sorte dite *Louisiane*, étant plus rustiques, pourront se répandre d'une manière plus générale, et s'étendre dans l'intérieur du pays, suivant les conditions qui ont été énumérées plus haut.

IV.

Engrais et amendements qui conviennent au cotonnier.

Les végétaux puisent principalement dans le sol les éléments de leur constitution; une très faible partie est empruntée à l'atmosphère. L'analyse chimique des végétaux donne des indications sur les principes qu'ils prennent au sol et s'assimilent, conséquemment sur les principes que le sol doit renfermer pour convenir à tel ou tel végétal ou obtenir tel ou tel résultat, et sur la nature des engrais et amendements qu'il est nécessaire d'ajouter périodiquement à la terre pour lui restituer ce qui lui a été enlevé par les récoltes. En ce qui concerne les cotonniers, il y aurait un intérêt d'actualité de premier ordre à ce que des analyses de cette plante et de ses produits fussent faites avec la plus grande exactitude, afin de reconnaître les principes constitutifs qu'ils puisent dans le sol, et d'arriver à déterminer chimiquement et d'une manière précise les terres et les engrais qui leur conviennent le mieux.

En attendant que ces recherches si intéressantes et si désirables soient effectuées, voici l'analyse qui a été faite en Angleterre par le docteur Ure, des fibres du coton Géorgie longue-soie de la plus belle qualité, récolté dans les îlots de la Caroline du Sud, analyse qui se trouve dans le remarquable travail de M. Whitemarsh R. Seabrook, traduit par M. Hipp. Vattemare, et publié dans le tome I, page 143 des *Annales de la Colonisation*. C'est une démonstration que l'on ne saurait trop reproduire.

Sur cent parties de cendres de coton, le docteur Ure a trouvé :

1° Matières solubles dans l'eau, 64 parties :

Carbonate de potasse...........	44	8
Muriate de potasse............	9	9
Sulfate de potasse.............	9	4
A reporter.....	64	1

Report........	64	1
2° Matières insolubles dans l'eau, 36 parties :		
Phosphate de chaux............	9	»
Carbonate de chaux............	10	6
Phosphate de magnésie.........	8	3
Peroxyde de fer...............	3	»
Alumine.......................	5	»
TOTAL..........	100	»

Ainsi, la potasse et la chaux à différents états de combinaison, la magnésie, les phosphates, entrent principalement dans la composition des filaments du coton. Il est donc nécessaire que le sol où seront semés les cotonniers renferme ces divers éléments pour obtenir de bons produits : ceci explique pourquoi les cotonniers affectionnent principalement les bords de la mer.

Aux engrais azotés ordinaires, c'est-à-dire aux fumiers d'étables, il faudra joindre et rechercher pour les cotonniers les engrais alcalins, tels que les cendres de bois, d'herbes, de varecks et de plantes marines, les charrées des lessives, les tourteaux, les os pulvérisés, des raclures de cornes. On peut, dans certains cas employer séparément la chaux hydratée, les coquilles marines pulvérisées, notamment les coquilles d'huitres, le salpêtre, le sel, le sable de mer pris sous la lame, les herbes marines, les graines de cotonniers concassées, etc.; les immondices des villes peuvent être considérées comme un excellent engrais pour les cotonniers lorsqu'elles sont bien consommées.

Les Chinois et les Américains emploient de préférence, comme engrais pour les cotonniers, les boues extraites du curage des fossés et des canaux; dans la

Caroline du Sud, on emploie la vase des marais salants. On ne peut pas dire précisément que ces engrais soient préférés à tous autres, dans ces contrées; mais c'est évidemment celui que les habitants ont le plus à leur portée, et qui leur revient le moins cher.

Quant à la dose d'engrais qu'il convient de donner aux terrains destinés à la culture du cotonnier, elle est fort difficile à indiquer à l'avance; elle doit être subordonnée avant tout à l'état de fertilité du sol, ainsi qu'à la nature et à la quantité des matières organiques et inorganiques qu'il renferme. Il n'y a que l'analyse chimique qui puissent donner des renseignements précis à cet égard.

Cependant, le cultivateur peut tirer des indications utiles et immédiates, à ce sujet, de la nature des herbes qui croissent naturellement sur son champ, du nombre, de la vigueur et des espèces des récoltes qui y ont été faites et qui s'y sont succedées.

V.

Labours et préparation du sol.

Les cotonniers, à raison de la longueur de leurs racines pivotantes qui doivent pénétrer très avant dans le sol, demandent des labours très profonds. Des labours à la bêche ou au luchet, qui descendraient à 40 centimètres de profondeur, seraient certainement le mode à préférer s'il n'était dispendieux, difficile à exécuter à cause du manque de bras, et, enfin, inapplicable en grand. Cependant, les relations qui nous viennent de la Caroline du Sud indiquent que les Américains ne se servent point d'instruments attelés dans la culture du coton, et que les labours et toutes les autres préparations du sol se font à bras d'homme.

La terre est naturellement légère dans ces contrées, et elle se prépare à la houe avec la plus grande facilité. On arrive à ensemencer ainsi des étendues suffisantes en cotonniers, pour que tous les bras dont on dispose soient absorbées par la récolte du coton, et afin que cette récolte puisse se faire en temps utile. Il faut dire aussi que la nécessité de disposer le terrain en billons élevés, à cause de l'humidité, dans les îles de la Caroline du Sud, qui sont baignées par l'Océan, et où se récoltent les plus beaux cotons longue-soie, a dû influer considérablement sur l'adoption du mode de culture à bras.

Quoi qu'il en soit, le mode de labours à bras ne pourra être que l'exception en Algérie, et l'on y suppléera le plus généralement par la charrue. Mais il est difficile avec cet instrument de faire des labours d'une profondeur convenable. Des labours de vingt-cinq centimètres de profondeur, mesurés du côté du champ, sont certainement insuffisants, et cependant les colons, assez bien montés en attelages pour les exécuter à cette profondeur, sont encore l'exception. Il y a néanmoins dans les cultures de moyenne étendue, où la terre offrirait un sous-sol par trop compacte, la possibilité d'éviter cet inconvénient, en creusant, avec une bêche, la place que doit occuper chaque plante. J'entends, par *culture de moyenne étendue*, celle qui embrasse une surface de deux à trois hectares. Dans l'importance que l'on a l'intention de donner à la culture du cotonnier, il convient surtout d'avoir le plus grand égard, outre les moyens d'exécution ordinaires que l'on possède, à la main-d'œuvre dont on pourra disposer lorsqu'il s'agira de faire la récolte.

On doit toujours choisir de préférence, pour la culture du cotonnier, des terres qui aient déjà produit d'autres récoltes, et qui soient dans un bon état de préparation. Il faut que le sol soit complètement purgé de toutes mauvaises herbes, de toutes racines vivaces et parasites, telles que le chiendent, etc. Si la culture que l'on désire établir doit se faire sur un défrichement récent, il est nécessaire que les labours soient multipliés pour amener le terrain à l'état de division et de netteté convenable. Il faut s'y prendre, dans ce cas, une saison à l'avance et donner les premières façons à l'automne. Trois ou quatre labours croisés, à un mois d'intervalle, ne sont souvent pas de trop pour arriver à une préparation satisfaisante. Toutefois, chaque labour doit être complété par des hersages énergiques, afin de bien diviser sol et d'en extirper toutes les racines des mauvaises herbes.

La charrue dont on peut le plus généralement se servir, pour faire de bons labours, est le modèle de Dombasle ou de Grignon. J'ai vu à l'Exposition universelle une charrue conçue sur le même modèle par M. Armelin de Draguignan, mais qui y a introduit une modification qui me paraît avoir la plus haute utilité pour l'Algérie. Cette modification importante réside dans la mobilité de la pointe du soc. On sait combien les pointes de socs s'usent vite, surtout si le terrain est graveleux, et quelles difficultés éprouvent la plupart de nos cultivateurs algériens pour les faire réparer, sans compter la dépense que ces réparations réitérées entraînent. Ici, la pointe du soc s'avance au fur et à mesure qu'elle s'use. C'est une simple barre d'acier, d'un mètre environ de longueur, que l'on fait glisser en avant, à mesure qu'il est nécessaire, dans une rainure ménagée à cet effet. Elle est fixée par des clavettes qui la forcent dans cette rainure et qui permettent de la déplacer, soit en avant, soit en arrière, selon que le terrain exige plus ou moins de pointe. On peut travailler plusieurs campagnes avec cette charrue, sans qu'il soit besoin d'avoir recours au forgeron.

Dans les exploitations où l'on dispose de nombreux attelages et de beaucoup de force, on peut augmenter, mécaniquement, d'une manière très notable et très efficace, la profondeur des labours, en faisant suivre la charrue ordinaire, dans chaque raie, d'une bonne *charrue sous-sol*, qui demande ordinairement quatre paires de bœufs vigoureux pour fonctionner convenablement.

Une machine à défoncer, nouvellement inventée en France par M. Guibal de Castres, et que l'on nomme *Défonceuse-Guibal*, pourrait être employée très utilement dans ce cas :

Cette défonceuse se compose d'une roue armée de deux ou plusieurs rangées de dents tournant autour de l'essieu porté par le brancard. Cette roue qui est en fonte, a 80 centimètres de diamètre et pèse 300 kilogrammes ; les 32 dents ou pioches placées sur sa circonférence ont 30 centimètres de longueur. Deux paires de bœufs la mènent très facilement dans une raie ouverte par une charrue qui marche en avant. Pour transporter la machine d'un terrain dans un autre, on la monte sur deux grandes roues de voiture. Son prix est de 300 fr. sur place.

Cette machine a été expérimentée dans plusieurs

concours, et l'on a généralement été satisfait des résulats qu'elle a donnés; je l'ai moi-même employée et elle me paraît appelée à rendre les plus grands services en Algérie, où les labours profonds et les défoncements ont tant d'importance. Avec cette machine, on peut remuer la terre à 50 centimètres de profondeur, en la faisant précéder par une charrue ordinaire, qui déjà creuse la raie à 20 centimètres.

Après le dernier labour, le terrain doit être bien ameubli et aplani par les hersages. Il reste, ensuite, à disposer cette surface selon le mode de culture que l'on doit suivre.

On cultive le cotonnier avec ou sans irrigations. Il est parlé des irrigations et de leur influence, dans un chapitre spécial. Quant aux situations où l'on ne peut jouir de leur avantage, on conçoit qu'il faut compenser les effets qu'elles produiraient sur la végétation, par une plus large préparation du sol, qui aménage et conserve l'humidité acquise, au moyen de labours profonds, des engrais et des binages souvent répétés.

Pour les cultures sans irrigation, le semis à plat doit être préféré généralement à celui fait sur billon, parce que la terre se dessèche moins ainsi. Il ne pourrait y avoir d'exception que pour les terrains humides, mais alors ces sortes de terrains ne doivent pas être choisis pour la culture du cotonnier, parce qu'ils excitent par trop la végétation foliacée, au détriment de la fructification qui est forcément reculée dans la mauvaise saison, où elle ne peut venir à bien. On pourrait penser aussi que le semis fait sur billon serait moins noyé par les grosses pluies que celui fait à plat. Il n'en est rien. Lorsque les pluies viennent compromettre les semis, c'est qu'elles ont, alors, une trop basse température et qu'elles durcissent le sol à la surface ; c'est ordinairement un indice que l'on a semé trop tôt, ou tout au moins, lorsque cette circonstance désastreuse se présente, le semis en billon n'est pas mieux préservé que celui à plat; il n'en faut pas moins les recommencer dans l'un comme dans l'autre cas. En un mot, lorsque les pluies et autres circonstances atmosphériques sont défavorables au point de détruire les semis faits à plat, ceux faits en billons ne résistent pas davantage. Le semis à plat paraît donc devoir être généralement préféré dans les terrains non soumis à l'irrigation.

Lorsque ce terrain a été bien ameubli et aplani par les hersages, on trace des lignes dans le sens de la longueur et de la pente du terrain, qui devront, plus tard être occupées par les plantes de cotonniers, dont la place se trouve indiquée par d'autres lignes tracées transversament; chaque point d'intersection indique la place que doivent occuper les plantes; la distance à observer entre elles est indiquée au chapitre des ensemencements.

Le moyen de tracer ces lignes le plus correctement et de donner plus de régularité à la plantation est de se servir d'un cordeau et de la pointe d'un échalas. Mais on peut employer un mode plus expéditif en se servant d'une espèce de traçoir à deux branches, appelé en Provence *enrégaïré*, qu'un homme tire après lui, en se dirigeant aussi droit qu'il lui est possible.

Dans les petites exploitations, où l'on ne possède pas des attelages assez puissants pour exécuter les labours à une profondeur suffisante, on peut y suppléer très efficacement en creusant avec la bêche, à la place marquée pour chaque plante, une petite fosse de quarante centimètres de largeur en carré, sur autant de profondeur. L'ouvrier va à reculons, en remplissant la fosse qui est ouverte devant lui, avec la terre extraite de celle qu'il creuse et ainsi de suite, de manière qu'une fosse ouverte est aussitôt recomblée par la terre de la fosse voisine. On a toujours soin de terminer le remplissage à la surface, par la meilleure terre, dans laquelle devront être déposées plus tard les graines. Un homme un peu exercé peut faire environ cinq cents de ces fosses en un jour, mais il peut en faire plus, comme il peut en faire moins, selon la nature du sol auquel il a affaire.

Lorsque la culture du cotonnier peut s'effectuer avec le secours des irrigations, il faut tout d'abord et avant le semis, disposer la surface du sol pour que la répartition des eaux puisse se faire facilement et uniformément partout. Au moyen d'un niveau d'eau on commencera par reconnaître les pentes de son terrain; on adopte, pour la direction à donner aux sillons, celles qui sont les plus régulières et les moins rapides. Si ces pentes étaient trop fortes, l'eau coulerait dans les rigoles avec beaucoup trop de rapidité et ne détremperait pas suffisamment le terrain. On établit alors diverses lignes de jalons pour indiquer la direction à donner aux sillons.

Ce travail préliminaire achevé, on forme des billons, dans le sens indiqué par les jalons, distants les uns des autres de soixante-dix centimètres à un mètre et quelquefois plus, de sommet à sommet, selon la distance qui devra être observée entre les plantes et dont il est parlé au chapitre des ensemencements.

On peut se servir d'une charrue ordinaire pour former les billons, mais leur exécution en est rendue ainsi plus longue et plus difficile en ce qu'il faut *endosser* plusieurs raies les unes sur les autres; on ne peut faire jamais moins de deux tours pour les billons de moindre largeur; il en faut le plus souvent trois, et quelquefois quatre pour les plus grands espacements. Il y a aussi, par ce moyen, l'inconvénient des *enrayures* et des *dérayures* qui se répètent autant de de fois qu'il y a de billons.

La formation des billons est notablement simplifiée par l'emploi de la charrue à deux versoirs, dite *buttoir,* avec laquelle il n'y a qu'*à fendre* le terrain, et qui, versant la terre de deux côtés à la fois, forme deux moitiés de billons d'un seul trait. On règle l'écartement des versoirs, selon la largeur à donner aux billons.

On peut ensuite régulariser la surface du billon et diviser la terre, si elle est restée motteuse, au moyen d'une herse articulée, qui conserve au billon sa forme bombée.

Les graines sont ensuite déposées sur le revers du billon opposé à l'action des vents régnants et sur lequel le soleil projette le plus longtemps ses rayons.

VI.

Ensemencements.

Il ne faut pas perdre de vue que le cotonnier est originaire des pays les plus chauds du globe, et qu'il a absolument besoin d'une quantité donnée de chaleur pour se développer. Si, dans l'espoir de rapprocher le terme de la maturité, on en mettait la graine en terre avant que les mauvais temps ne fussent tout à fait passés et avant que le sol n'eût pris le degré de chaleur convenable, on courrait sans aucun doute le risque de perdre sa semence et son temps, car la graine mise en contact avec le sol froid et humide pourrit infailliblement.

Il y a plus d'inconvénients à semer trop tôt que tard. Les documents qui nous viennent des État-Unis d'Amérique nous apprennent que, là aussi, les planteurs manquent souvent leurs semis pour avoir voulu semer trop tôt.

Que la température vienne à s'élever un instant, assez pour que la graine entre en germination, et qu'ensuite un refroidissement ait lieu, intermittences qui arrivent inévitablement tant que la température du printemps n'a pas pris son équilibre, la jeune plante reste jaune, chétive, ne fait aucun progrès, et finit par périr de la rouille et de la coulure; on est obligé de recommencer son semis plus tard, après avoir sacrifié son travail et sa graine. D'un autre côté, si l'on attend trop tard, et que la terre devienne sèche, la graine ne germe pas et se conserve intacte dans le sol. Il faut, pour que la germination de la graine de cotonnier ait lieu convenablement, l'action simultanée de la chaleur et de l'humidité. Cette union de la chaleur suffisante et de l'humidité nécessaire n'a pas lieu aux mêmes époques, chaque printemps. On ne saurait alors assigner, à l'avance, une époque fixe pour opérer les semis; on peut dire seulement et avec raison qu'il faut saisir une saison, un moment favorable, circonstances qui sont assez difficiles à bien préciser. Il y a des années où ces ensemencements peuvent se faire avec chances de succès dès le 15 avril; dans d'autres c'est à peine si l'on peut confier la graine à la terre dans la première quinzaine de mai. Pour reconnaître si le moment favorable d'opérer ces sortes de semis est venu, on en est réduit à s'aider des pronostics tirés des phénomènes météorologiques et de la végétation environnante. On observe d'abord si le vent d'ouest n'a plus la même persistance; si son action ne se fait plus sentir depuis quelque temps; si une brise légère et tiède lui a succédé; si les pluies froides et les giboulées qui tombent encore quelquefois très tard au printemps sont remplacées par des pluies douces et fines; si la température des nuits se maintient assez élevée, et si la température du sol est au moins de quinze degrés centigrades à quinze centimètres de profondeur, vers le moment ou le soleil se lève.

Les indices utiles que peut donner la végétation spontanée sont les suivants: lorsque l'on voit les germes d'un grand nombre d'espèces d'arbres se développer à la fois; lorsque les saules, les peupliers, mais surtout les mûriers blancs en plein vent ont déjà des bourgeons développés sans que les feuilles se rouillent sur leurs bords par l'action du vent et l'effet du refroidissement, il est à peu près certain que le moment est venu de mettre la graine de coton en terre.

Si, nonobstant toutes les précautions requises, la terre devenait sèche avant que les ensemencements eussent été effectués, il faudrait humecter la place que doit occuper chaque plante, même en y apportant de l'eau, si on n'a pas de moyens d'arrosage naturels, car il vaut mieux, dans les cas où l'on ne peut irriguer, s'assujettir à ce surcroit de travail et obtenir ce qui peut être considéré comme l'un des principaux éléments de réussite dans la récolte, *une belle levée*, que de risquer de la perdre, soit en mettant la graine en contact avec de la terre sèche, soit en la mettant dans une terre humide et froide.

L'humectation, en cas de sécheresse précoce, de la place ou du potet où doivent être déposées les graines, en y apportant de l'eau avec des tonneaux, qui est ensuite répartie à chaque place à raison de deux litres environ, ne constitue pas un travail énorme et des frais que la culture du coton ne puisse supporter. C'est un moyen que l'on emploie pour les repiquages des tabacs et autres plantes cultivées en grand.

Dans les terres soumises à l'irrigation, l'opération est infiniment plus simple; il suffit de mettre l'eau dans les rigoles qui existent entre les billons, et de répandre la graine un jour ou deux après, et dès que la terre est suffisammeut ressuyée. On peut alors retarder le semis jusqu'à ce que la chaleur soit devenue constante, et on est ainsi toujours assuré du succès de la levée.

L'espacement à observer dans le semis est avant tout subordonné à la fertilité du sol auquel on a affaire et au développement présumé que les plantes doivent prendre; mais il faut aussi avoir égard au mode que l'on se propose d'employer pour les binages, si on doit opérer avec des instruments attelés, ou si l'on doit faire ces travaux exclusivement à bras.

Dans un terrain où les plantes s'élèvent à un mètre environ de hauteur, l'espacement de un mètre entre les lignes et de quatre-vingts centimètres sur la ligne est convenable; il sera certainement insuffisant, dans les terrains à fond frais et marécageux où les cotonniers se développent avec une vigueur extraordinaire et atteignent quelquefois jusqu'à près de deux mètres de hauteur ; dans ce cas, il faudrait au moins un mètre cinquante centimètres entre les lignes et un mètre sur chaque ligne.

Dans les terrains où les cotonniers ne s'élèvent que de cinquante centimètres à un mètre, on pourra restreindre l'espacement à quatre-vingts centimètres entre les lignes, et à cinquante centimètre sur la ligne. La culture du cotonnier à soie longue n'offre plus guère de chances de bénéfices dans les terrains dont la fertilité ne serait pas suffisante pour que les plantes occupassent entièrement cet espacement. Les sortes à courte soie pourraient seulement donner encore des récoltes fructueuses dans les terrains qui demanderaient un plus grand rapprochement.

La graine de coton, venue dans de bonnes conditions, conserve sa faculté germinative pendant trois ans environ; mais, lorsqu'on le peut, il vaut mieux semer de la graine de la dernière récolte. Il convient aussi de choisir la graine parmi les produits des premières ceuillettes de coton ; c'est une mesure utile et qui peut aider à obtenir, de proche en proche, des plantes plus précoces à fructifier; toutefois il faut que ces graines ne soient admises que revêtues du cachet qui doit caractériser la perfectibilité du produit que l'on recherche, c'est-à-dire que les filaments qui y sont adhérents, s'il s'agit de la sorte dite *Géorgie,* soient longs, fins, soyeux, nerveux, fournis, etc.

Beaucoup de cultivateurs pensent se rendre compte de la qualité germinative des graines du cotonnier en les jetant dans l'eau ; celles qui surnagent, et c'est le plus grand nombre, sont considérées par eux comme impropres à la germination. Cette conclusion n'est pas exacte, car les meilleures graines surnagent, et ne vont au fond de l'eau que lorsque leurs téguments se sont saturés d'une certaine dose de liquide, circonstance qui arrive également pour les graines vieilles et reconnues impropres à la germination. On ne peut tirer aucune induction utile de cette expérience.

Avant de semer, on peut faire tremper la graine quelque temps à l'avance, pour en hâter la germination dans le sol. A cet effet, on la met dans un vase, où l'on verse de l'eau en petite quantité, en ayant soin de la remuer souvent ; puis on couvre le vase et on le met dans un endroit chaud ou au soleil pendant le jour. La graine ne doit pas rester plus de deux jours dans cet état. Il faut la semer de suite à l'expiration de ce délai, en ayant soin de la mettre en contact avec de la terre fraîche, afin que la germination se continue sans interruption ; autrement, la graine serait perdue et le semis manqué.

Le pralinage des graines avec un engrais pulvérulent très actif serait aussi un excellent moyen de hâter la levée des graines, et de donner aux jeunes plantes une grande vigueur. On remarque, en effet, que souvent les jeunes cotonniers éprouvent un temps d'arrêt dans la végétation dès qu'ils sortent du sol, pour peu que la température vienne à baisser. Dans cet état de langueur, des myriades de pucerons ne manquent pas de venir les assaillir, et contribuent encore à leur dépérissement. En roulant la graine sortant du vase où elle a trempé, tandis qu'elle est encore mouillée, dans de la *colombine*, de la *poudrette*, du *guano* ou du *sang desséché*, pourvu que la substance que l'on emploie soit bien sèche, pulvérisée et passée au tamis , de manière qu'elle s'incorpore bien à la graine, on obtiendra de bons résultats; on devrait en outre ajouter à cette poudre un tiers de suie bien pulvérisée ou de la fleur de souffre. Un pralinage exécuté de cette façon aurait pour résultat de donner plus de vigueur aux jeunes plantes et d'éloigner les insectes par l'amertume des substances qui y sont introduites.

Je ne saurais trop appeler l'attention des planteurs sur les bons effets qui résultent d'ordinaire du mélange à la semence d'engrais pulvérulents et énergiques.

Il n'est pas douteux un seul instant que cette pratique aurait pour résultat d'accélérer la végétation des jeunes cotonniers, et de diminuer cet état de faiblesse qui caractérise le premier âge de ces végétaux, comme aussi de donner plus de vigueur aux plantes.

Il faut de six à dix kilogrammes de graine pour ensemencer un hectare en cotonniers, selon le soin que le cultivateur met dans la distribution qu'il en fait dans le sol, et selon la distance que l'on a arrêtée pour l'espacement entre les plantes.

Lorsqu'on se propose de faire les binages par la houe à cheval, il vaut mieux resserrer davantage les plantes sur les lignes et écarter celles-ci davantage, afin de laisser un peu plus de liberté d'action pour l'instrument attelé, sans courir autant le risque de briser les plantes lorsque déjà elles sont développées.

Les graines de cotonniers s'enterrent à peu près de la même manière que les haricots. Sur chaque place préparée ainsi qu'il a été dit plus haut, on fait un potet avec une binette, on y dépose quatre à cinq graines que l'on distance à quelques centimètres les unes des autres; puis on les recouvre de deux travers de terre bien émiettée, que l'on appuie légèrement avec le dos de la binette pour que la sècheresse pénètre moins; ceci s'entend du semis *en touffe* ou en *potet*; mais pour le semis *en lignes*, on ouvre une rigole avec un rayonnoir, et l'on y laisse tomber la graine que l'on recouvre avec un râteau ou un rabot. Ce dernier mode est le plus expéditif, mais il est le moins parfait, et l'on ne saurait l'employer avec sécurité que lorsque l'on peut irriguer le semis, et lorsque la terre n'est pas de nature compacte.

Dans les terres compactes et de nature à se *croûter* et durcir sous l'action des pluies et des arrosements, il est utile de recouvrir la semence avec une bonne poignée de sable, auquel on aurait ajouté un quart environ de terreau parfaitement consommé et tout à fait pulvérulent. L'emploi du sable pour recouvrir la semence a déjà produit les plus beaux résultats chez un grand nombre de cultivateurs; pour les terres qui renferment une forte proportion d'argile, l'addition du terreau ne peut que contribuer à donner plus de vigueur aux semis et hâter leur croissance. Dans des terres de cette nature, on se trouve bien aussi de mettre le double de la quantité de graine ordinaire dans chaque potet. L'effort exercé par un grand nombre de jeunes plantes fait qu'elles viennent plus facilement à bout de vaincre la résistance de la croûte du sol pour sortir. On en est quitte pour arracher ensuite tous les plants superflus lorsque le semis est assuré.

Si le semis a été bien fait, et si la température et l'humidité ont été favorables, les jeunes plantes sortent de la terre au bout de cinq à six jours. Dans les endroits où les germes ne seraient pas nés, par un accident quelconque, il faut s'empresser d'en faire le remplacement par de nouvelles graines afin d'éviter toute lacune dans la plantation.

VII.

Repiquage des Cotonniers.

Plusieurs personnes ont pensé qu'en semant le cotonnier de bonne heure, à bon abri, en pépinière, et en le repiquant ensuite en plein champ, à la fin d'avril, ainsi qu'on le fait pour le tabac, on arriverait à obtenir des plantes plus précoces à fructifier et à rapprocher le terme de la maturité.

Les faits ne sont pas venus confirmer cette théorie; ils démontrent au contraire que cette méthode augmentrait beaucoup les frais de main d'œuvre, et que les résultats demeurent bien inférieurs à ceux obtenus par le semis en place.

Règle générale ; le cotonnier ne croît avec vigueur et ne prospère réellement que lorsque la témpérature est suffisamment élevée et qu'elle est constante. Les jeunes plants de cotonniers élevés dans une pépinière où, par des moyens artificiels, on a accumulé une certaine dose de chaleur, étant ensuite transportés dans les champs où la température est notablement plus basse, et où cet abaissement se maintiendra encore pendant quelque temps, ne feront que languir durant ces alternatives, si toutefois ils ne meurent pas.

La transplantation, l'*arrachage*, est une opération

violente, pendant laquelle les fonctions vitales du végétal, pris dans cette condition, sont suspendues. Il faut un délai plus ou moins long pour que le jeune plant se remette de cette crise et qu'il ait formé de nouvelles racines qui lui permettent de rétablir l'équilibre dans ses fonctions. On peut admettre que les jeunes plants reprennent tous, ou à peu de chose près, mais il est certain qu'un retard considérable est apporté dans leur développement.

Ainsi, de la graine de cotonniers mise en terre dans les mêmes conditions et en même temps que des jennes plants repiqués, donnera naissance à des plantes dont la végétation ne sera pas interrompue: au bout d'un mois, il n'y plus aucune différence entre le développement des sujets venus de graines et ceux repiqués.

A diverses reprises, j'ai fait semer en février, dans des pôts et sous châssis, des graines de cotonniers. Dans les premiers jours du mois de mai, je les ai fait mettre en pleine terre, ayant de quatre à cinq feuilles au-dessus des cotylédons. J'ai fait semer en même temps, en place, et dans les mêmes conditions, de la graine de la même espèce. A la fin de juin, il n'y avait plus de différence entre le développement des plantes élevées en pots et celles semées sur place. La floraison, la fructification, la maturité, ont eu lieu simultanément dans l'un comme dans l'autre cas.

On peut voir que la transplantion et le repiquage des cotonniers ne présentent aucun avantage et qu'ils ne peuvent, au contraire, qu'entraîner à des frais plus considérables sans résultats correspondants.

Dans les documents que j'ai consultés sur la culture du coton, je n'ai vu indiquer nulle part que l'on employât le repiquage, excepté dans l'Inde, où l'on se sert de ce moyen pour garnir les vides et les manques dans les plantations. Mais on a soin d'ajouter qu'il faut se dispenser du repiquage dans toute autre circonstance, attendu que *cette opération retarde la maturité de quinze jours.*

J'ajouterai que, même pour les remplacements, il est préférable, sous tous les rapports, de semer de la graine en place.

VIII.

Arrosements et Irrigations.

Quoique les cotonniers donnent de bons produits dans les terrains non arrosés, surtout lorsque le sol a été labouré profondément afin que les racines puissent le pénétrer sans obstacle pour aller chercher la fraîcheur, et lorsque ce sol réunit les éléments de fertilité nécessaires, il n'en est pas moins vrai que, souvent, la sècheresse paralyse la croissance des plantes, et que la récolte s'en trouve notablemeut diminuée.

Les irrigations données à propos aux cotonniers, non-seulement augmentent notablement les produits de la récolte, sauf, toutefois, dans les terrains naturellement humides, mais encore préservent les résultats de cette culture des éventualités toujours menaçantes occasionnées par la sècheresse. Les irrigations sont le moyen de *normaliser,* en quelque sorte, les conditions d'existence et de prospérité de certains végétaux cultivés, tels que les cotonniers. Dans le choix que l'on doit faire du sol et de l'exposition, selon les indications déjà produites au paragraphe III de ce travail, il est très-essentiel, et l'on doit se trouver très-heureux de pouvoir y joindre l'arrosage.

L'arrosage offre, en effet, une immense facilité pour assurer la réussite des ensemencements. On a pu se convaincre que la germination des graines et la levée des jeunes plants de cotonniers ne s'effectuent d'une manière satisfaisante qu'autant que le sol réunit à la fois une certaine dose d'humidité et une chaleur soutenue. Souvent, pour mettre à profit la circonstance d'une pluie que l'on croit la dernière, on sème avant que le sol soit suffisamment échauffé ; le semis périclite faute de chaleur suffisante. Quand, au contraire, on attend que la température ait atteint une élévation tout à fait convenable, on court quelquefois le risque d'être surpris par la sècheresse ; la graine alors ne peut germer faute d'humidité. Les irrigations offrent le seul moyen efficace de s'affranchir de ces alternatives, en s'ajoutant à propos pour remplacer l'un des agents naturels et indispensables à l'acte de la germination. Avec elles, on a tout avantage à attendre que la température moyenne se soit en quelque sorte équilibrée entre le jour et la nuit, et à différer le semis jusqu'à la deuxième quinzaine du mois de mai ; on obtient alors la combinaison exacte de la chaleur et de l'humidité ; combinaison si favorable au développement des jeunes cotonniers.

Lorsque la terre arrosée est assez ressuyée pour ne pas se pétrir et se mastiquer sous les instruments, on procède à l'ensemencement ainsi qu'il a été indiqué au paragraphe VI, en ayant soin de ramener par-dessus la terre humectée qui recouvre les graines, un peu de terre meuble du voisinage de la rigole, qui n'ait pas été mouillée. Cette précaution est utile pour empêcher la terre humectée de se sécher trop vite, et même de se gercer s'il arrivait qu'elle contînt encore de l'humidité en excès, au moment du travail.

Il est très-important que les irrigations précèdent toujours l'ensemencement pour que la levée soit prompte et régulière. Lorsque les arrosements, soit à l'eau courante, soit à l'arrosoir, sont faits après que la graine a été mise en terre, le sol se tasse et se durcit ; il se forme bientôt, au-dessus des graines, une croûte très-dure, une sorte de plancher qui intercepte l'action de l'air, et que les jeunes plantes naissantes ne peuvent ni traverser, ni soulever. Tout au plus trouvent-elles un passage fortuit au travers des crevasses qui se forment, mais aussi qui, la plupart du temps, mettent leurs racines à nu et les exposent à périr. Le plus grand nombre des germes, ou mieux des *plumules*, pour parler techniquement, ne peuvent se frayer un passage et avortent.

Toute irrigation, tout arrosement, donnés par-dessus le semis avant la naissance des plantes et le parfait développement des cotylédons, ne produiront jamais aucun bon résultat ; tandis que, lorsque la terre a été parfaitement détrempée avant que la graine y ait été déposée, la levée est rapide, régulière, telle enfin qu'elle doit être pour constituer un semis bien réussi.

Les irrigations peuvent être continuées aux jeunes cotonniers pendant toute la période de leur croissance, à des intervalles qui ne peuvent guère être précisés, mais qui doivent être calculés, cependant, de façon à ne pas trop surexciter la végétation par leur fréquence. On doit se guider à cet égard sur la faculté absorbante ou évaporante du sol auquel on a affaire, et sur le développement des plantes qui ne doit pas être activé au point de devenir luxuriant.

L'abus des arrosements amènerait très-certainement un résultat tout opposé à celui que l'on veut atteindre. Les cotonniers qui y seraient soumis prendraient un fort beau développement, très-flatteur à l'œil sans doute, mais cet excès de vigueur aurait pour effet de reculer beaucoup la formation des fleurs et des capsules; par suite, d'exposer au risque d'empêcher la maturité de s'effectuer avant la venue des mauvais temps d'hiver.

Le point capital, vers lequel tous les efforts doivent tendre, c'est d'obtenir des plantes bien constituées, d'un développement moyen, et produisant d'abondantes capsules dont la maturité soit aussi précoce que possible.

Pour arriver à ce résultat si important, les irrigations doivent être données seulement pendant la période qui est principalement caractérisée par la croissance du végétal, c'est-à-dire jusqu'au moment où apparaissent les organes de la fructification. Les arrosements doivent être modérés à partir de l'épanouissement des premières fleurs. S'ils étaient continués en excès pendant la formation des capsules, la sève se porterait à l'extrémité des rameaux pour continuer un prolongement foliacé inutile, au détriment du développement des fruits et des filaments qu'ils renferment.

Trois ou quatre arrosages par irrigation, qui devraient absorber environ trois mille mètres cubes d'eau pour une surface d'un hectare, suffisent ordinairement depuis le semis jusqu'au moment où il est à propos de les cesser.

IX.

Éclaircies, Sarclages et Binages.

On sème ordinairement beaucoup plus de graines qu'il ne faudrait de plantes pour occuper le terrain, et cela dans le but de parer aux éventualités qui pouraient amener des vides dans la plantation. Lorsque le développement des jeunes cotonniers est en quelque sorte assuré, et qu'ils ont pris trois ou quatre feuilles au-dessus des cotylédons, il est temps d'éclaircir et de suprimer, en les arrachant, ceux qui sont superflus. On conserve une ou deux plantes au plus, dans chaque potet ; si le semis a été fait en ligne on ne peut laisser moins de quarante centimètres entre chaque plant ; dans les terres très fertiles, l'espacement sur la ligne, entre les plantes conservées, doit être beaucoup plus considérable.

Les binages ne sauraient être trop recommandés, ils sont pour ainsi dire le complément indispensable des arrosages, et, dans tous les cas, ils contribuent puissament à conserver et à prolonger l'humidté acquise au sol. Ils le divisent, l'ameublissent, et le rendent plus facilement pénétrable par l'air, dont les racines des plantes ont un besoin indispensables pour accomplir leurs fonctions, et dont elles sont en grande partie privées lorsque la terre est en quelque sorte fermée par une croûte dure et compacte à sa surface. Les binages sont encore indispensables pour détruire les herbes adventices qui croissent spontanément dans le sol et disputent aux plantes cultivées les éléments de nutrition qui y sont répandus. On peut dire que les binages effectués chaque fois que la terre est durcie à sa surface et que les herbes adventices apparaissent, sont toujours de la plus haute utilité pour le succès de la culture, et que les dépenses auxquelles ils donnent lieu sont de simples avances que l'on retrouve, avec un large intérêt, dans le produit de la récolte.

Les binages exécutés à bras d'hommes exigent de dix à quinze journées de travail par hectare, selon l'état de propreté et de culture du champ. Le meilleur instrument à employer pour ce travail, à moins que la terre ne soit par trop compacte, est la binette flamande, dont on se sert avec tant de succès, dans le département du Nord, pour le binage des betteraves, des colzas, des pommes de terre et de toutes les plantes sarclées.

Dans les cultures en grand, et lorsque les lignes de cotonniers ne sont pas espacées de moins de quatre-vingts centimètres, on trouve avantage et économie à exécuter les binages au moyen de la houe à cheval. Deux hommes et un cheval peuvent facilement faire un hectare et demi par jour, et même l'un des deux hommes étant destiné à conduire le cheval, peut très bien être remplacé par un enfant de douze à quinze ans. Il est ensuite nécessaire de consacrer plusieurs journées à bras d'homme pour biner, dans les lignes, les intervalles qui n'ont pu être travaillés par l'instrument attelé.

Dans un pays comme celui-ci, où la population est encore rare, et où les bras sont très recherchés, on doit s'attacher de plus en plus à l'emploi des machines en agriculture. Avec les machines on trouvera la possibilité d'étendre largement la production agricole, que les difficultés de la main-d'œuvre semblent devoir restreindre à des proportions qui sont bien au-dessous des besoins de la consommation générale.

X.

Taille, Pincement et Ébourgeonnement.

La taille est appliquée à un certain ordre de végétaux cultivés, soit ligneux, soit herbacés. Elle consiste à retrancher certaines parties du végétal qui ne sont pas indispensables à son existence ou à l'accomplissement de ses fonctions. Elle a pour objet d'accumuler au profit du produit que l'on projette d'obtenir, la plus grande somme de sucs nourriciers, afin de les rendre plus abondants, d'augmenter la qualité de ce produit, et de lui donner souvent plus de précocité. Parmi les végétaux ligneux, on taille les arbres fruitiers pour en obtenir des fruits plus volumineux et plus savoureux ; les mûriers, pour en obtenir des feuilles plus tendres, plus nombreuses et plus faciles à récolter; les rosiers, pour en obtenir des fleurs plus belles. Parmi les végétaux herbacés. on taille principalement les melons et les tomates pour augmenter le volume de leurs fruits et aussi pour raprocher le terme de la maturité.

La structure du cotonnier permet de le soumettre à la taille, qui aura pour résultat, si elle est faite d'une manière intelligente et raisonnée, de limiter le nombre des capsules, de les rendre plus grosses, plus nourries, et de les faire mûrir beaucoup plus tôt.

Pour que la taille soit réellement utile, il faut que son application soit absolument basée sur le genre de développement de l'espèce végétale à laquelle on a affaire.

Le cotonnier développe d'abord une tige verticale garnie de feuilles alternes. Lorsque cette tige a trente à quarante centimères de hauteur, il nait à sa base et à l'aisselle, des feuilles normales qui sont caractérisées par les lobes des branches principales; sur ces branches principales se développent des branches secondaires qui portent les fleurs auxquelles succéderont des fruits. La plante, continuant son développement, est terminée à son sommet par la flèche de sa tige principale; à sa partie moyenne sont des branches-mères naissantes, et à sa base des branches-mères plus développeés supportant des ramifications secondaires, sur lesquelles apparaissent déjà des fleurs épanouies. La fructification du cotonnier commence donc par sa base. Les branches les plus raprochées de terre ont déjà des fruits formés, lorsque celles de la partie moyenne ont encore seulement des fleurs, et que celles du sommet ne montrent pas encore de boutons.

D'après une loi très curieuse de la physique végétale, la sève est toujours irrésistiblement sollicitée à s'élever verticalement, à se porter de préférence dans les parties supérieures des végétaux. Aussi remarque-t-on, la plupart du temps, que la fructification la plus belle, et la plus abondante se montre presque invariablement au-dessus de la moitié de la hauteur du végétal, et de préférence vers les extrémités.

La limite de la belle saison empêche seule, en Algérie, que les capsules les plus élevés sur la plante et qui sont nées les dernières, profitent de la situation avantageuse où elles se trouvent, et prennent tout leur développement. La plus belle fructification se trouve alors concentrée dans la partie moyenne de la plante.

Les capsules les plus rapprochées du sol sont donc pour ainsi dire frustrées d'une partie de leur aliment, puisque la sève est toujours emportée vers les sommités. On remarque, en effet, que ces capsules sont moins développées, renferment des filaments moins abondants et moins beaux que celles qui naissent au-dessus; le coton qu'elles renferment est presque toujours sale, gâté par la terre que la pluie éclabousse, et par l'humidité du sol. Quelquefois même, le retrait de la sève dans cette partie est telle, que l'on voit beaucoup de capsules qui renferment des graines entièrement dépourvues de filaments. Mais on peut considérer d'autre part que ces sortes de capsules qui ne donnent jamais qu'un produit inférieur, peu abondant, et surtout les branches qui les supportent, absorbent la sève qui aurait pu profiter à la fructification bien plus importante et bien autrement précieuse de la partie moyenne du végétal, et en retardent la fructification de tout le développement qu'elles ont pris.

Le retranchement des quatre ou cinq branches qui naissent les premières et à la base des jeunes plantes, constitue le système de taille à appliquer aux cotonniers. En me servant de l'expression de taille, je ne veux pas dire que l'on doive employer un instrument tranchant et faire un abatis de branches ou de tiges déjà développées. Cette taille consiste tout simplement dans le pincement, avec les ongles du pouce et de l'index, de parties naissantes et herbacées, afin de détourner la sève qu'elles auraient absorbée en se développant, au profit d'autres parties sur lesquelles repose principalement le produit. En d'autres termes, cette opération ne doit pas être une mutilation, mais simplement le moyen de dériver, au profit du produit à obtenir, la plus grande somme possible des forces vives du végétal.

On supprimera donc les cinq ou six premières branches naissantes de la base de chaque pied de cotonnier, alors quelles sont encore tout à fait herbacées et avant qu'elles aient atteint dix centimètres de longueur, à partir de l'aiselle de chaque feuille où elles ont pris naissance, il faut à cet égard, exercer une surveillance active, car si l'on différait, lorsque les choses sont arrivées à cet état, on perdrait du temps et le bénéfice de la croissance de toute la partie retranchée, dont la substance doit, au contraire, tourner au profit du développement des branches que l'on cherche à favoriser.

Ainsi qu'on peut le voir, toute l'opération consiste à maîtriser les efforts de la sève par de simples pincements donnés à propos, et à la faire refluer dans les branches les plus fructifères qui occupent le centre du végétal.

Quand la suppression des quatre à cinq premières branches a été opérée, on laisse les cotonniers croître librement jusqu'à la formation des capsules. Alors, après avoir attaqué le végétal par la base, on l'attaque par le sommet en pinçant l'extrémité de la tige principale; ce pincement à pour résultat d'arrêter le développement en hauteur et de faire refluer la sève dans les branches latérales. Lorsque les premières branches latérales ou mères-branches, qui sont naturellement les plus basses, ont trois ou quatre capsules nouées dans leur partie inférieure, on les pince à leur tour, et, très peu de temps après, on fait subir la même opération à toutes les autres maîtresses ou principales branches.

L'écimage ou le pincement de la tige principale et des branches-mères, doit coïncider avec la cessation des irrigations et arrosements. Il se manifeste alors un ralentissement du flux de la sève vers les extrémités herbacées, pour se porter vers les capsules encore tendres et en état de croissance..

En pratiquant la taille des cotonniers d'après les principes qui viennent d'être indiqués, on arrivera à proportionner le nombre des capsules à la force des plantes ; on obtiendra des capsules mieux développées et mieux nourries et, partant, des produits plus élevés. Leur maturité sera plus régulière et plus simultanée ; enfin, considération de la plus haute importance, cette maturité sera beaucoup plus précoce.

XI.

Maladie des Cotonniers.

Les maladies qui ont affecté les cotonnières en Algérie sont peu nombreuses jusqu'à ce jour, et ne proviennent guère que de l'influence des varations atmosphériques.

Nous ne considérons pas comme maladie l'état de souffrance qui peut résulter, pour les cotonniers, de leur culture dans les terrains humides et froids, ou qui est occasionné par la sécheresse. Dans ces deux cas, ces végétaux n'ont pas été évidemment placés dans le milieu qui est approprié à leur nature.

Les jeunes cotonniers, alors qu'ils n'ont que trois à quatre feuilles, sont sujets à la *cloque*, qui est occasionnée par un abaissement subit de température, et par le passage de courants d'air plus froids que l'atmosphère dans laquelle ils vivent ordinairement. La végétation s'arrête alors ; les feuilles sont recoquillées et boursoufflées ; elles prennent une teinte pâle et deviennent comme chlorosées. Cet état de souffrance amène des parasites qui viennent compliquer le mal. Des pucerons en plus ou moins grand nombre envahissent la surface inférieure des feuilles, et par leurs nombreuses piqûres font extravaser la sève, dont ils se nourrissent. Les fourmis ne tardent pas d'ordinaire à apparaître, et viennent, à leur tour, sucer les pucerons qui distillent une matière sucrée dont elles sont friandes.

Dans cet état de choses, les cotonniers ne se rétablissent et ne reprennent leur vigueur que lorsque la température a repris sa marche ordinaire et qu'elle s'élève en se stabilisant. Un binage donné avec soin accélère beaucoup le rétablissement des cotonniers, dans ce genre d'affection qui, bien souvent, ne se déclare que parce que les cotonniers ont été semés trop tôt.

La chute des feuilles, des fleurs et des capsules est également due à des courants d'air froids qui abaissent instantanément la température, et aussi à l'apparition de brouillards épais. Cet état maladif amène les mêmes accidents qui ont été indiqués ci-dessus ; les pucerons apparaissent en très grand nombre et viennent aggraver le mal. C'est encore par les binages que l'on arrive le mieux à rétablir la vigueur des plantes, en cette circonstance.

XII.

Ennemis des Cotonniers.

Les cotonniers, ainsi que la plupart des végétaux, sont attaqués par des insectes, qui en font leur pâture ou qui s'en servent comme d'auxiliaires pour assurer la conservation de leur postérité. La main de l'homme est presque toujours impuissante à réprimer les dégâts qu'ils commettent et qui sont quelquefois de nature à compromettre des récoltes entières. Je me hâte de dire, cependant, que les cotonniers ne sont attaqués que partiellement par les insectes et jamais au point d'en diminuer notablement les produits.

La *courtillère* (Gryllus), *cut-woorm* des Américains, se trouve parfois en abondance dans les lieux irrigués. Elle coupe les racines des jeunes cotonniers. On la détruit difficilement, et l'on n'a guère que la ressource, pour cela, de rechercher ses galeries et d'y faire couler de l'eau bouillante, ou de l'eau froide, après laquelle on verse quelques gouttes d'huile.

Les larves du hanneton à Foulon *(Melolontha fullo)*, rongent aussi les racines des cotonniers. Dans les endroits où elles sont nombreuses, on les ramasse pendant les labours.

Dans les terrains légers et sablonneux, un coléoptère oblong, de couleur noire, l'Érodie bossue *(Erodius gibbosus)*, coupe les jeunes cotonniers à fleur de terre, alors qu'ils sont encore tendres et n'ont que les cotylédons. Cet insecte se promène le matin pour commettre ses déprédations, et c'est alors qu'on lui fait la chasse, en le ramassant.

Les sauterelles *(Locusta)* mangent partiellement les

feuilles des cotonniers et ne sont réellement redoutables que si leur nombre devenait par trop considérable.

La sauterelle voyageuse, ou criquet voyageur *(Acridium migratorium)*, est très redoutable. Les invasions de cet orthoptère sont terribles et portent avec elles la dévastation, non-seulement dans les champs de cotonniers, mais dans toutes les cultures en général. Heureusement ces invasions sont rares. Le seul moyen d'atténuer le ravage de ces myriades de destructeurs est de battre le champ, de les forcer à s'envoler et d'éviter qu'ils n'y couchent, car, c'est le matin, au lever du soleil, qu'ils mangent avec le plus de voracité, et alors, en quelques heures, toutes les parties herbacées, feuilles, fleurs, rameaux des végétaux cultivés, peuvent disparaître.

Les pucerons, qui sucent la sève des cotonniers, sont consécutifs des maladies asthéniques dont il a été parlé plus haut.

L'Eumolpe de la vigne *(Eumolpus vitis)* attaque quelquefois les feuilles des cotonniers et autres malvacées, mais il ne cause pas, d'ordinaire, de grands dommages.

Enfin, il y a une espèce de petite punaise qui apparaît en très grand nombre, à certaines époques, dans les capsules du cotonnier arrivées à maturité. Ces insectes n'ont pas paru, jusqu'à ce jour, causer d'autre mal au coton contenu dans la capsule, que de le noircir sur certains points.

XIII.

Antipathies des Cotonniers.

Le cotonnier craint le voisinage immédiat des arbres ; il aime les champs découverts, où les racines des grands végétaux ne puissent disputer le sol aux siennes, et où l'ombrage des rameaux des espèces ligneuses ne viennent pas se projeter sur lui.

Les cultures intercalaires, faites dans le but d'obtenir double produit à la fois, lui sont manifestement nuisibles, et diminuent considérablement la somme de produit qu'il aurait pu donner. On obtient, il est vrai, deux récoltes à la fois, mais ces deux récoltes n'en valent pas une bonne de l'une ou l'autre sorte.

J'ai vu cultiver dans le coton, à titre de plantes intercalaires, des pommes de terre, des fèves, des haricots, du tabac, des pastèques, du maïs. Toutes avaient considérablement nui au développement des cotonniers, tandis qu'elles-mêmes n'avaient pas donné, la plupart du temps, des résultats plus satisfaisants.

Mieux vaut donc cultiver chaque sorte de plante séparément, que de les mélanger dans le même champ, le cotonnier, en particulier, se trouvant fort mal de cet arrangement.

XIV.

Soins à donner aux plantations de cotonniers de plusieurs années.

Quoique la possibilité de conserver utilement pendant plusieurs années la même plantation de cotonniers ne soit pas encore bien constatée ; quoique l'avantage que peuvent présenter ces plantations conservées, sur celles renouvelées chaque année, n'ait pu encore être positivement démontré jusqu'ici ; nous croyons qu'il n'en est pas moins utile et très important que des expériences multipliées se poursuivent pour résoudre ces deux questions, et de donner ici quelques indications sur les soins dont il convient d'entourer ces plantations en vue de leur conservation.

Chacun, en effet, se rend compte de l'intérêt immense qui est attaché à la conservation des plantations de cotonniers pendant plusieurs années, si elle peut se réaliser. On obtiendrait ainsi des récoltes plus hâtives, qui n'auraient coûté aucun frais d'ensemencement. Reste à savoir cependant si, tout compte fait, les frais d'entretien de plantations de ce genre ne seront pas aussi élevés que ceux résultant d'un ensemencement à nouveau, et si, finalement, il y a avantage réel et général dans l'emploi de ce système.

Disons, à titre de renseignement, que, nulle part, aux États-Unis même, dans la Caroline du Sud, on ne conserve les cotonniers pendant plusieurs années, et qu'on le resème à chaque printemps.

En Égypte, on les arrache généralement après la seconde année, persuadé que la récolte de la troisième année ne couvrirait pas les frais d'arrosage et d'entretien.

Voici, quant à l'Algérie, comment il convient de traiter ces plantations.

Dès que la récolte sera achevée, il conviendra de donner un léger binage en ramenant la terre en billon au pied des cotonniers et en formant entre les lignes une petite rigole. Cette façon d'hiver a pour but de rompre la croûte du sol, formée par les pluies violentes et le piétinement; de *mûrir* la terre et la rendre très meuble pour le printemps; d'empêcher les herbes d'envahir la plantation, enfin de faciliter l'écoulement de l'exubérance des eaux pluviales, et diminuer ainsi la grande humidité du sol, cause qui nuit le plus à la conservation des cotonniers.

Vers la fin du mois de mars, lorsque les plus mauvais temps sont passés, on taille les cotonniers à trente ou trente-cinq centimètres au-dessus du sol. On se sert, à cet effet, d'une serpette bien tranchante, ou mieux d'un sécateur, afin de ne pas ébranler les racines et éclater les branches.

Peu de temps après, on donne un bon piochage, en égalisant le terrain. Mais il faut faire bien attention de ne pas *éventer* les racines, ni les attaquer avec les instruments de culture. Le manque de soins à cet égard amènerait infailliblement la perte des plantes.

Ce n'est guère que vers les premiers jours de mai que la nouvelle végétation de ces cotonniers se dessine nettement, et c'est alors seulement que l'on peut distinguer les plants qui ont résisté complètement de ceux qui ont succombé. Il arrive souvent, en effet, qu'avant cette époque, beaucoup de sujets donnent des indices de végétation et succombent à la suite de cet effort.

Si on voulait regarnir les vides, on creuserait les places à remplacer avec une bêche, ainsi qu'il a été dit au chapitre des semis pour les petites cultures non irriguées. On sèmerait ensuite la graine par potets comme dans les semis ordinaire.

Dans les terrains irrigables, on pourrait arroser ces cotonniers dès la première quinzaine de mai, si le temps est au sec; mais il ne faudrait, en tous cas, commencer les irrigations que lorsque la température est suffisamment élevée. On pourrait dans cette circonstance, différer le semis de remplacement jusqu'après la première irrigation, en ayant soin de creuser auparavant la place ainsi qu'il a été dit. On mettrait la graine à demeure dès que la terre serait suffisamment ressuyée.

Après ces diverses préparations essentielles, ces plantations pourraient ensuite être binées, irriguées et conduites en un mot comme les plantations ordinaires.

XV.

Cueillette ou Récolte du Coton.

C'est ordinairement cinq mois après l'ensemencement que commence la maturité des premières capsules, c'est-à-dire vers la fin de septembre. Cette maturité est graduée selon le rang d'âge des capsules. Cette circonstance est favorable pour le travail en ce qu'il n'est pas nécessaire de réunir instantanément de grands efforts et un grand nombre de bras, difficiles à se procurer, pour sauver en quelque sorte cette récolte, qui ne menace pas de se perdre par excès de simultanéité, comme celles des céréales, par exemple. Cependant, il est nécessaire que les récoltes partielles puissent se succéder à des intervalles peu éloignés, et que la maturité se concentre le plus possible dans la belle saison; toutes les opérations de culture doivent avoir pour objet essentiel, ainsi que je me suis appliqué à le démontrer dans le cours de ce travail, de prédisposer les plantes à une maturation précoce. Et ceci n'est pas seulement important sous le rapport de la plus grande quantité de produits qui doit en résulter, mais encore pour que ces produits soient plus uniformes en qualité dans l'ensemble de la récolte. Il est bon de remarquer que les cotons obtenus pendant la belle saison, qui mûrissent dans de bonnes conditions, ont une valeur intrinsèque bien plus grande que ceux qui sont extraits des capsules alors que les intempéries et surtout le froid sont venus amortir la vitalité des cotonniers.

La récolte du coton est une opération très importante, qui doit être l'objet de l'attention la plus soutenue, et dont l'exécution plus ou moins parfaite peut influer d'une manière très notable sur la valeur manufacturière et commerciale du produit, surtout lorsque l'on vise à obtenir des cotons pouvant être classés dans les sortes supérieures.

La mise en œuvre des cotons s'est singulièrement perfectionnée et se perfectionne encore tous les jours. Les filés que l'on obtient aujourd'hui sont exécutés avec une rigueur en quelque sorte mathématique; tous les brins composant un fil sont pour ainsi dire comptés à l'aide de machines de précision, On conçoit dès lors l'importance que les manufacturiers doivent attacher à ce que les cotons soient parfaitement assortis en finesse, en longueur, en force et en élasticité.

Le classement rigoureux, pour obtenir des qualités homogènes et pouvant être classées dans les sortes supérieures, ne peut être fait que par le cultivateur, au moment de la récolte et dans le champ même.

Quels que soient les soins que l'on ait mis à choisir des graines des plus belles variétés, soins indispensables d'ailleurs lorsqu'il s'agit des cotons à longues et fines soies, ces précautions, qui doivent toujours être observées, ne sont pas cependant encore suffisantes pour obtenir des filaments parfaitement homogènes.

Tous les filaments d'une même capsule n'ont pas la même longueur ni la même finesse; à plus forte raison cette différence existe-t-elle entre les produits d'individus séparés, bien que croissant dans le même sol; aussi ces produits se modifient-ils d'une manière plus générale sous l'influence d'expositions diverses et de terrains différents. Il importe donc de mettre à part, à mesure qu'on les extrait des capsules, les filaments qui diffèrent entre eux par la finesse, la longueur, la couleur, et de réunir les sortes semblables dans un compartiment particulier.

Les femmes et les enfants seront toujours les meilleurs auxiliaires pour la cueillette du coton, travail plus minutieux que fatiguant, et qui exige une certaine dextérité. Les cueilleurs suspendent après eux un sac de toile ayant autant de compartiments ou poches qu'il y a de catégories à tenir séparées dans les sortes de coton que l'on récolte. Il n'est pas présumable que l'on soit obligé d'établir plus de trois catégorie dans la même cueillette : la première concernant les filaments les plus beaux, les plus longs et les plus soyeux; la seconde, pour les filaments gros et courts; et enfin la troisième, pour ceux qui sont tachés.

Indépendamment de ces distinctions à observer pendant la cueillette journalière, il convient d'établir aussi deux ou trois divisions dans l'ensemble des produits obtenus. On a remarqué, en effet, que le coton du milieu de la récolte, et provenant de la partie moyenne des plantes, était supérieur en qualité à celui qui est récolté le premier, lequel, se trouvant à la base des rameaux, est plus rapproché du sol, et que celui-ci était encore supérieur au dernier récolté.

Il est donc indispensable de faire des divisions correspondant à ces divers états de la récolte. Le système de taille que j'ai indiqué, en égalisant la formation des capsules, tend à faire disparaître ces différences; cependant, en supposant que l'on parvienne à ce résultat si désirable d'obtenir une idendité parfaite entre la qualité des cotons provenant du commencement et du milieu de la récolte, il n'en sera pas moins de la plus haute nécessité de mettre à part les produits récoltés les derniers, lorsque les plantes commencent à s'amortir sous l'impression du froid, ainsi que ceux mouillés par la pluie, quand les capsules étaient épanouies avant qu'ils ne fussent recueillis.

Le coton qui a été mouillé, soit sur la plante lorsque la pluie l'a surpris s'échappant de la capsule ouverte, avant d'avoir été ramassé, soit en tas après la cueillette, se comporte très mal à l'égrenage quelque soin qu'on y mette, et fait considérablement de déchet. Son mélange avec les qualités supérieures ne sert qu'à les déprécier, et ne peut en aucun cas tourner au profit du cultivateur.

On ne doit opérer la cueillette du coton que lorsque les capsules sont complètement ouvertes et que les filaments s'épanouissent par dessus les valves. Dans cet état, on prend la capsule de la main gauche, en la maintenant avec les doigts par dessous, tandis que les doigts de la main droite plongent dans l'intérieur, saisissent en une seule fois tous les filaments et les graines qui y sont contenus, et qui sont déposés à mesure dans le sac que le cueilleur tient suspendu après lui. Plus la capsule est ouverte et plus l'extraction du coton est facile. Lorsque les capsules ne sont pas suffisamment ouvertes, quoique mûres cependant, au moment où l'on passe pour la cueillette, on leur donne tout l'écartement désirable en appuyant le pouce au centre, ce qui rend le coton plus facile à saisir.

Il ne faut pas arracher violemment le coton des capsules, lorsque celui-ci est encore pelotonné dans les loges closes, qu'il conserve de l'humidité, qu'il n'est point encore entièrement formé, lorsque les graines ne sont pas suffisamment mûres et cèdent sous une pression légère des doigts.

C'est par cette pratique vicieuse que l'on mêle parmi de bons produits d'autres produits tout à fait mauvais parce qu'ils ne sont pas parvenus à maturité, qui se brisent ou s'en vont en poussière, et dont les graines blanches et vides parce qu'elles ont été détachées trop tôt, sont impropres à la germination, déprécient les bonnes semences, s'écrasent sous les cylindres pendant l'égrenage, et salissent le coton d'une manière désastreuse.

L'opération de la cueillette doit être faite délicatement; il faut prendre garde de mêler au coton des matières étrangères, telles que les débris des feuilles sèches qui s'attachent et se mêlent à la soie avec la plus grande facilité, notamment les bractées ou petites feuilles florales situées à la base de la capsule, qui, desséchées, se brisent au moment où le coton est mûr.

Pour éviter de mélanger ces débris au coton, lesquels se détachent avec la plus grande facilité sous l'influence du soleil, les Américains conseillent de récolter le matin, par la rosée, sauf à faire sécher ensuite le coton au soleil.

Ce procédé peut-être utile, en en usant avec précaution ; il pourrait y avoir danger à manipuler le coton lorsqu'il est mouillé par une rosée très abondante.

Au fur et à mesure qu'on le récolte, le coton doit être étendu sur des claies en roseaux, dans un endroit bien sec et bien aéré. S'il n'a pu être ramassé par un beau temps et qu'il soit humide, il est nécessaire de le sortir pendant plusieurs heures au soleil, et de ne le laisser à demeure sur les claies que lorsqu'il est complètement ressuyé ; il achève ensuite de sécher dans cette situation. On ne peut mettre le coton en tas, sans danger, qu'au moment où la dessication de la graine est complètement achevée, et que celle-ci n'est plus susceptible de communiquer d'humidité aux filaments, ce qui ne peut guère avoir lieu que deux à trois mois après la récolte, pourvu toutefois que le coton ait séjourné dans un endroit très sec et bien ventilé. Le coton mis en tas avant qu'il ne soit absolument sec ne tarde pas à fermenter, et il perd instantanément, pour ainsi dire, tout son nerf, se réduit en petits fragments avec la plus grande facilité, et n'a plus alors la moindre valeur.

Quelques cultivateurs ont essayé de faire la cueillette en détachant les capsules de la plante, pour les transporter au logis et en extraire ensuite le coton. Ce mode présente des inconvénients qui en font abandonner l'usage en temps ordinaire. On ne peut l'employer utilement, en effet, que dans les circonstances exceptionnelles, où la saison étant très avancée et la récolte non encore terminée, les quelques capsules qui restent sur la plante n'ont plus de chances de s'ouvrir en temps opportun pour que le coton puisse en être extrait sur place dans une saison favorable.

La récolte, faite en détachant les capsules, pour

ensuite en extraire le coton au logis, présente l'inconvénient de demander deux fois plus de travail que si l'on enlève directement le coton de la plante en y laissant la capsule adhérente. Outre cet inconvénient, il se mêle au coton une multitude de débris de feuilles, principalement de bractées, débris qu'il est ensuite impossible d'enlever complètement, même en y consacrant un temps considérable.

Lorsque la récolte tire à sa fin, et que la saison devient assez mauvaise pour que l'on ne puisse plus espérer que ces dernières capsules s'ouvrent convenablement sur la plante, on prend le parti de les couper. M. Toussaint, de Paris, a imaginé la confection d'un instrument à deux tranchants, ressemblant à de petites cisailles qu'il a nommé *cueille-coton* et qui est susceptible d'être employé utilement dans cette circonstance.

Les capsules détachées ainsi sont ensuite réunies sur des claies dans l'endroit le plus sec que l'on puisse avoir, où on les étend par couches minces. Elles s'ouvrent insensiblement dans cette situation, et bientôt on peut en extraire le coton. Mais ce produit est toujours d'une qualité inférieure à celui qui mûrit naturellement sur la plante.

On est assez généralement porté à appréhender que les pluies ne soient un obstacle en quelque sorte insurmontable à la récolte du coton. Heureusement il n'en est pas précisément ainsi. Les fortes pluies gâtent, il est vrai, le coton qui sort des capsules au moment où elles tombent; c'est pour parer à cet inconvénient qu'il faut apporter beaucoup de vigilance à ramasser le coton à mesure qu'il s'échappe des capsules, surtout lorsque le temps est menaçant. Mais jamais la pluie ne pénètre le coton, tant que les valves des capsules restent closes, et jamais elles ne s'ouvrent tant que la pluie continue. Dès qu'elle a cessé, qu'il fait seulement une demi journée de soleil, surtout s'il règne un peu de vent, les capsules s'épanouissent comme par enchantement. L'on est tout étonné de voir presque instantanément le champ constellé d'une multitude de petits flocons qui ont la blancheur de la neige, et qui font le plus grand plaisir à observer.

La récolte du coton peut se continuer utilement jusqu'à la fin de janvier, en observant les précautions que nous avons indiquées. Dans les Etats de Géorgie et de Louisiane, la cueillette du coton se prolonge jusqu'à la même époque, et commence à la fin de septembre. On voit que la maturité n'est pas mieux favorisée dans ces contrées qu'en Algérie.

XVI.

Réserve et Choix de la Semence.

Il s'agit ici d'une opération de la plus haute importance. Le succès des récoltes, comme la belle qualité des produits à obtenir sont incontestablement attachés aux soins judicieux que les cultivateurs mettront à choisir leur graine, et il est tout à fait indispensable, pour arriver à ce résultat, que chaque cultivateur prépare lui-même, et choisisse dans ses récoltes, la graine dont il a besoin pour ses ensemencements.

A cet effet, chaque cultivateur devra distinguer dans sa plantation les plantes qui réunissent le mieux les caractères répondant au type de la variété ou de l'espèce que l'on doit cultiver. Il choisira les plus précoces à fructifier et à mûrir, dont les capsules sont les plus nombreuses, dont les filaments sont les plus longs, les plus fins, les plus soyeux, les plus abondants. Il rejettera les récoltes du commencement et de la fin, et conservera soigneusement à part celles du milieu comme donnant des graines mieux nourries et mieux constituées.

L'égrenage de ce choix doit se faire à part et chez le cultivateur. S'il fait faire cet égrenage au dehors, il devra prendre ses précautions pour que la pureté de sa graine soit conservée.

Aux Etats-Unis, on regarde comme une bonne pratique de changer, de temps en temps, la semence de sol. L'expérience n'a pas encore démontré que cela fût indispensable en Algérie. Néanmoins c'est une précaution reconnue utile pour toute sorte de cultures, par les praticiens les plus éclairés. Il paraît hors de doute, qu'en ce qui concerne le cotonnier, cette mutation, faite avec intelligence et discernement, par des cultivateurs qui prennent un égal soin de leur semence, et qui ne se trouvent pas dans des conditions trop dissemblables de sol, d'exposition et d'influences particulières, ne pourrait que contribuer au succès.

En vue de la conservation de la pureté des types, il est indispensable de tenir éloignées les unes des autres les variétés diverses que l'on aurait en culture, de façon à éviter réciproquement l'influence des poussières fécondantes pendant la floraison et empêcher ainsi les dégénérescences et les abâtardissements qui pourraient résulter de ce contact.

XVII.

Égrenage du Coton.

L'égrenage est la première opération industrielle que subit le coton. Il consiste à séparer de la graine les filaments qui doivent être conservés dans leur entière longueur.

L'égrenage fait à la main est très long et très dispendieux ; des essais répétés m'ont démontré qu'il ne fallait pas moins de sept à huit journées pour obtenir un kilogramme net de filaments. En supposant ce travail fait par des femmes, et en portant le prix de la journée à 1 franc, chaque kilogramme de coton égrené à la main reviendrait à sept ou huit francs de frais, égalant la valeur marchande des plus belles sortes. Ce moyen a dû paraître fastidieux même aux peuplades les plus primitives qui font usage du coton, et chez lesquelles cependant le temps est sans valeur. Aussi, toutes les nations, à quelque degré de barbarie qu'elles fussent encore, ont de tout temps employé des moyens mécaniques plus ou moins grossiers pour séparer les filaments de la graine.

La machine qui paraît avoir été primitivement appliquée à cet usage a dû se composer de deux baguettes rondes en jonc, en bambou ou en rotin, fixées horizontalement sur des montants en bois, faisant l'office de cylindres superposés, roulant l'un sur l'autre en sens inverse, assez rapprochés pour saisir le coton et rejeter la graine, exerçant ainsi une espèce de laminage, et mis en mouvement, au moyen d'une sorte de manivelle à chaque extrémité, par deux personnes qui, de leur main restée libre, présentaient le coton aux cylindres.

Dans un ordre social plus avancé, les cylindres sont fixés à un chassis en bois, planté verticalement sur un banc; une vis, dont les spirales s'engrènent l'une dans l'autre, est ménagée à chacune de leurs extrémités; une manivelle unique est attachée au cylindre supérieur, et une seule personne, assise sur le banc, met les cylindres en mouvement d'une main, tandis que de l'autre elle les alimente en leur présentant le coton. Quelquefois le banc est disposé avec assez de légèreté pour être soutenu sur les genoux d'une personne assise. Cette machine est employée de nos jours, en Espagne, à Ivice, à Malte, et vraisemblablement c'est le même modèle qui est employé dans l'Inde et en Chine. Au moyen de cet appareil une personne prépare dè un kilogramme et demi à deux kilogrammes de coton net par jour.

Le progrès, des besoins plus pressants, firent ajouter deux volants aux extrémités des cylindres, ce qui leur donna plus de puissance. La machine plus élevée, fut mise en mouvement avec le pied, agissant sur une pédale. L'égreneur, travaillant debout, a les deux mains libres pour alimenter les cylindres. Il produit plus qu'avec la petite machine à manivelle, mais aussi il dépense plus de force et se fatigue davantage. On rapporte qu'aux Antilles et dans les colonies de l'Amérique méridionale, un égreneur prépare dans sa journée, avec cette machine, dix à douze kilogrammes de coton brut, ce qui produit deux à quatre kilogrammes nets selon l'espèce de coton.

Ce procédé d'égrenage, procédé lent et dispendieux, a dû cependant être appliqué invariablement aux diverses sortes de coton, longue-soie ou courte-soie, jusqu'en 1794, époque où un Américain, Elie Whitney, du Massachusetts, donna aux planteurs d'Amérique une machine à égrener le coton courte-soie, qui fit une véritable révolution dans ce genre de production. Cette machine, nommée aux Etats-Unis *saw-gin*, est très ingénieusement combinée. Il en existe à la Pépinière centrale un exemplaire que M. le Ministre de la guerre fit venir en 1846 et qui fonctionne de la manière la plus satisfaisante. Elle se compose principalement de scies circulaires à dents très fines, qui agissent sur le coton. Un tambour armé de brosses, qui doit avoir une vitesse de trois cents tours à la minute, dégage le coton des dents des scies, et le chasse en l'air à une certaine distance en magnifiques flocons, qui simulent assez bien la neige tombante. Le coton est parfaitement nettoyé et préparé par ce procédé, qui ne demande d'autres soins que celui d'entretenir une quantité suffisante de coton dans le coffre de la machine, quand une fois elle a atteint la vitesse voulue. La force d'un cheval vapeur, ou l'emploi de six chevaux ordinaires, est nécessaire pour la mettre en mouvement; un homme suffit pour l'alimenter. Elle produit ainsi 120 kilos de coton net par journée de travail de dix heures. Le coton courte-soie, ainsi égrené par la machine mue à la vapeur, revient à 13 c. le kil. lorsque le charbon de terre est à 33 fr. la tonne de mille kilos.

Grâce à cette précieuse invention, l'égrenage des cotons courte-soie se fait dans d'excellentes conditions économiques. C'est à elle que l'industrie doit aujourd'hui les quantités considérables de matière première à l'aide desquelles elle s'alimente, et la réduction des prix qui a permis d'en multiplier l'emploi. Les cotons courte-soie, qui se vendent actuellement de 1 fr. 50

à 2 fr. le kil. valaient, en 1793, de 4 fr. 50 c. à 5 fr. Mais à partir de 1794, époque de l'apparition du *saw-gin*, les prix moyens de la même matière ont toujours été en diminuant, tout en répandant l'aisance et la richesse chez les planteurs, tant il est vrai que souvent il suffit d'une plante, d'une machine, d'un homme qui se dévoue au bien public, pour faire la fortune d'une contrée. Mais aussi combien la mission des hommes qui se dévouent est ingrate ! et combien ceux qui sont appelés à jouir du bénéfice de leurs labeurs comprennent mal leurs intérêts! L'ingratitude, qui trop souvent abreuve les inventeurs, les novateurs et tous ceux qui travaillent pour le bien commun, tend à tuer le dévouement et à reculer considérablement le progrès. Le malheureux Whitney, qui a fait la fortune de ses compatriotes et rendu un service immense à l'humanité entière, ne put profiter de son inestimable invention ; il se la vit disputer par des plagiaires et des frelons, et mourut dans un état voisin de la misère.

Dernièrement, la machine de Withney a été perfectionnée et rendue infiniment plus puissante par Carver, de la Nouvelle-Orléans. S. E. M. le Ministre de la guerre a fait l'acquisition d'une de ces machines qui est déposée à la Pépinière centrale, où elle égrène trois cents kilogrammes de coton net par jour.

Si l'égrenage des cotons courte-soie est facile, économique et résolu d'une manière satisfaisante, il n'en est pas tout à fait de même de l'égrenage des cotons longue-soie, surtout des sortes dites *Géorgie long* ou *sea-Islands*. Cette opération, par la nature même des filaments qu'il s'agit de conserver intacts, présente des difficultés d'exécution avec lesquelles on ne paraît pas avoir assez compté.

Ces sortes tirent leur principal mérite de la longueur de leurs filaments que l'on ne peut, par cette raison, soumettre à des machines expéditives du genre du *saw-gin*, qui détruiraient précisément la qualité que l'on recherche dans ce coton, sa longueur. Cette longueur ne peut être conservée intacte que par le cylindrage, et l'on est réduit à cet égard à employer la machine primitive dont j'ai parlé plus haut.

Les Américains égrènent tous leurs cotons longue-soie au moyen de cet appareil, mû avec le pied; ils l'ont cependant amélioré en y adaptant des volants en fonte et des tourillons de même métal, dans lesquels s'emmanchent les cylindres en bois que l'on peut changer à volonté lorsqu'ils sont usés, et en y substituant une pédale plus longue et plus puissante. Ils ont donné à cet appareil le nom de *roller-gin*. M. le Ministre de la guerre fit également venir, dès 1844, un modèle de cette machine, qui remplaça avantageusement celui, tout en bois et assez grossier, que j'avais déjà fait construire par un Hollandais qui arrivait de Surinam.

Les renseignements fournis par M. le Consul français à Charleston font connaître que la tâche d'un ouvrier est d'égrener, avec le *roller-gin*, de vingt-cinq à trente livres de coton par jour; mais ils n'indiquent pas si cette quantité comprend du coton net, c'est-à-dire débarrassé de la graine, ou du coton brut, c'est-à-dire encore adhérent à cette dernière avant d'avoir été soumis aux cylindres.

Des expériences souvent répétées ont démontré ici qu'un homme faisait, avec beaucoup de peine, trois kilogrammes de coton égrené par jour, et cela dans les conditions les plus favorables; d'où l'on est amené à conclure que c'est du coton brut que M. le Consul a entendu parler, ce qui revient à un produit de trois à trois kilogrammes et demi de coton net par journée de travail. Mais un journal de l'égrenage exécuté sous mes yeux par trois et quatre hommes, au moyen de cette machine à pédale, du 4 janvier au 30 mars 1851, me donne une moyenne de 1 kilogramme 600 grammes de coton net par journée d'homme. Ce rendement très minime est le résultat de la fatigue qu'éprouvent les ouvriers au bout d'un certain temps de cet exercice; car les efforts qu'ils sont obligés de faire pour mettre la machine en mouvement sont assez considérables. En outre, le coton a été traité dans la saison la moins favorable, à cause de l'humidité.

Les filaments du coton sont des tubes aplatis et striés, qui sont essentiellement hygrométriques. Ils ne passent bien sous les cylindres que lorsqu'ils sont à l'état de siccité complet, ce qui ne peut avoir lieu tant que l'atmosphère est humide, parce que le coton, dans cet état, se sature toujours du même degré d'humidité qu'elle. C'est surtout pour le Géorgie long que cet inconvénient présente le plus de gravité, parce qu'il s'attache alors très facilement aux cylindres et s'enroule à l'entour. Par cette raison, il sera donc toujours plus économique de différer l'égrenage jusqu'à l'été qui suit la récolte, que de persister à le faire pendant l'hiver qui est la saison la moins avantageuse, tant sous le rapport de l'humidité que sous celui du peu de longueur des journées de travail. On réalisera ainsi une grande économie sur l'opération, et un bien meilleur conditionnement de la matière.

Chargé d'organiser l'égrenage des cotons récoltés par nos cultivateurs, que l'Administration, dans sa sage prévoyance, a centralisé transitoirement entre ses mains, en leur achetant ce produit pour leur assurer un débouché, et en leur donnant une prime rémunératrice pour payer les frais des premières expériences, j'ai dû rechercher des moyens plus expéditifs et plus économiques que ceux du *roller-gin* mû avec le pied. J'ai réuni, en conséquence, dix-huit *roller-gin* sur une même ligne; un système de poulies et de courroies commanda les cylindres, qui conservèrent leurs volants à leurs extrémités; le mouvement fut imprimé à cet ensemble par la machine à vapeur de la filature des cocons. L'avantage de cette installation devait résulter de la plus grande vitesse imprimée aux cylindres et surtout de la continuité de cette vitesse; l'égreneur n'ayant plus d'efforts musculaires à faire, et n'ayant plus qu'à présenter le coton aux cylindres, il était possible de substituer à des hommes payés 2 fr. à 2 fr. 25 c. par jour, des enfants indigènes, de douze à quatorze ans, rétribués de 50 à 75 c. par jour.

Cette organisation produisit effectivement une économie importante; mais l'accélération de la vitesse eut pour effet d'échauffer les cylindres en bois, de les embraser, de les faire rompre, de les rendre en un mot impropres à ce genre de service. Il fallut les remplacer par des cylindres en métal; ceux en cuivre ont présenté des inconvénients tels, qu'on a dû s'en tenir à ceux en fer. Ces cylindres n'étaient pas cannelés, ce qui eut haché le coton, mais simplement dépolis à la lime, et faisaient passer le coton avec la plus grande facilité.

On a constaté que les cylindres en fer avaient meurtri le coton dans bien des cas, ce qui lui retirait de sa valeur. On conçoit aisément que les cylindres en fer broient le coton lorsqu'il leur est servi inégalement et par trop grandes masses. Mais il est utile, je crois, de constater ici que, parmi les cotons cueillis à la fin de la récolte et pendant les temps humides, il se trouve du coton *mort*, qui se pulvérise et s'en va en fragments en le tirant même légèrement. On a pu très-facilement imputer à l'action des cylindres en fer ce qui n'était qu'un défaut de la matière elle-même.

Quoiqu'il en soit, il fallait se préoccuper du retour possible d'une semblable dépréciation, et éviter, en tout cas, qu'elle pût être imputée à l'égrenage. Devant la nécessité de conserver, dans ce mécanisme, les cylindres en fer, j'ai dû chercher le moyen de les revêtir d'un corps moins rigide, qui offrît même une sorte d'élasticité afin de ne pas comprimer à l'excès le coton. Après avoir passé en revue les matières susceptibles de servir à cet emploi, le cuir fut adopté. Mais il fallut encore bien des tâtonnements pour trouver la meilleure manière de le fixer. Je le fis coller, puis coudre, mais il céda avant d'avoir fait un usage suffisamment prolongé. Une simple lanière, roulée en spirale dans le sens de la rotation des cylindres, et fixée en tête de la spire avec une vis, fut ce qui réussit le mieux; cette disposition offrit assez de durée pour que l'usage pût en être adopté définitivement. Tous les cuirs cependant ne convenaient pas; après en avoir essayé de bien des espèces parmi ceux que l'on trouve à Alger, celui de Strasbourg, employé généralement pour les courroies, présenta le plus de durée. Ces cuirs durent de six à huit jours, et lorsqu'ils sont usés, on les remplace en un clin-d'œil sans démonter les cylindres, et sans, pour ainsi dire, interrompre le travail. La dépense qu'ils occasionnent, est absolument insignifiante devant les avantages qui en résultent. Sous la pression du cuir, il est impossible que les filaments de coton soient endommagés.

Cette machine ainsi modifiée offre des avantages incontestables sur tous les systèmes précédents. Chaque paire de cylindres, servie par un enfant, produit en moyenne 6 à 7 kilogrammes de coton net par journée de travail de dix heures. Quoique la plus grande action soit ici mécanique, il n'est pas moins vrai que la dextérité et l'intelligence de l'enfant qui présente le coton influent notablement sur le rendement. Ainsi, tandis que quelques-uns ne produisent que 4 à 5 kil. nets, d'autres, servis par une veine de bon coton, ont fait jusqu'à 12 kil. nets dans leur journée.

Dans ces derniers temps, diverses machines pour le coton Géorgie longue-soie, d'invention récente en Amérique, ont été introduites en Europe. MM. Masquelier frères ont apporté des perfectionnements à la machine dite Carthy, et s'en servent avec succès, en collaboration de M. de Saint-Maur, dans la province d'Oran. Cette machine donne trente kilogrammes de coton net par jour et prépare parfaitement les filaments.

De notre côté, nous avons fait construire à la Pépinière centrale un modèle qui est le résumé des divers systèmes connus, c'est-à-dire du roller-gin, de la machine de Pratts et de celle de Carthy, et qui donne des résultats non moins satisfaisants.

Le coton est parfaitement préparé par cet appareil, qui exige la force d'un cheval pour être mis en mouvement. Un homme ou même un enfant l'alimente, en présentant le coton brut étalé sur une tablette. Aucune graine n'est écrasée par ce système; le coton sort très propre et peut être mis en balle sans être épluché à la main, comme il est indispensable de le faire avec l'égrenage par les cylindres. Cette machine, servie par un homme, fait trois kilogrammes de coton net à l'heure. Elle est en ce moment celle qui nous a présenté le plus d'économie pour la préparation du coton Géorgie longue-soie.

Ces détails dans lesquels nous sommes entrés donneront une idée des difficultés attachées à l'égrenage satisfaisant du coton Géorgie longue-soie, difficultés que l'on est loin de soupçonner tout d'abord.

Cette opération délicate et importante, est, ainsi qu'on peut le voir, bien plutôt manufacturière qu'agricole, et elle serait un grave sujet d'embarras pour nos cultivateurs, si elle leur incombait forcément pour qu'ils puissent se débarrasser de leurs récoltes cotonnières. On peut même dire que la nature des travaux agricoles en Algérie, jointe à la rareté de la main-d'œuvre, leur rendrait cette tâche tout à fait impossible. On conçoit que le cultivateur puisse ensemencer, cultiver et récolter plusieurs hectares de coton, aidé de sa femme, de ses enfants, et même de salariés, selon l'importance de la plantation; mais on comprendra beaucoup moins facilement, comment, avec les machines isolées à pédales ou autres, il pourrait consacrer quatre-vingts journées consécutives de travail pour égrener la récolte de chaque hectare, lorsque l'on sait qu'à la même époque, les bras sont réclamés partout avec instance pour faire les labours, ensemencer les céréales, faire les plantations, préparer d'autres récoltes, etc. Tout au plus la masse des cultivateurs pourra égrener la quantité de coton pour la graine nécessaire à ses ensemencements. C'est tout ce que l'on peut attendre d'eux à ce sujet.

Les planteurs américains égrènent eux-mêmes leurs récoltes; mais c'est à leur main-d'œuvre esclave qu'ils doivent de pouvoir faire cette opération directement. Chaque exploitation américaine est pourvue de cinquante à cent ouvriers nègres, quelquefois plus, selon son importance, et qu'il faut bien occuper. Il n'y a pas une seule exploitation en Algérie qui puisse disposer d'un pareil luxe de travailleurs. Et d'ailleurs, l'Algérie ne voudrait pas de cette facilité de la main-d'œuvre à des conditions aussi révoltantes pour la dignité humaine.

C'est dans l'emploi des machines puissantes et perfectionnées, c'est dans l'organisation industrielle et manufacturière de l'égrenage qu'il faut chercher la solution du problème.

Il faut que des usines pour l'égrenage en grand se montent près des centres populeux où les bras seront plus faciles à rassembler. Il faut qu'il s'établisse une industrie spéciale, imitée de celle qui existe dans les contrées séricicoles pour le filage des cocons de vers-à-soie, laquelle a donné de si brillants résultats et contribué à des progrès généraux si remarquables, depuis que les filages morcelés des paysans ont été centralisés par les grandes filatures de cocons, qui fonctionnent avec précision, selon les indications de l'art et de la science.

XVIII

Rendement de la culture du Cotonnier.

Quoique la culture du cotonnier ait déjà plusieurs années d'existence en Algérie, nous ne savons encore rien de bien certain sur ce qu'elle produit et ce qu'elle coûte chez les cultivateurs. Les chiffres que l'on recueille près d'eux présentent des variations tellement grandes, tellement inattendues, qu'il est impossible de les contrôler les uns par les autres et de s'y arrêter.

Il est probable que les résultats de la campagne de 1856 donneront des renseignements qui permettront d'établir le rendement et le revient de cette culture avec exactitude et précision.

En attendant, nous croyons utile de donner quelques indications sur les rendements de cette culture aux États-Unis. Nous ne reproduisons aucun chiffre de revient; parce que là, ils paraissent tout aussi incertains qu'en Algérie. On ne sait, en effet, dans les renseignements qui nous parviennent, comment évaluer la main-d'œuvre donnée par l'esclave. On n'arrive qu'à des à peu près et rien de plus.

Dans les États atlantiques et à la Louisiane, le produit d'un acre est d'environ 300 livres de coton courte-soie égrené, ce qui revient à 335 kil. égrenés à l'hectare et à 1005 kil. non égrenés pour la même mesure.

Dans les États du golfe du Mexique et à la Nouvelle-Orléans, le rendement, en courte-soie, est de 400 à 600 livres par acre, égrené. Ce qui, rapporté à l'hectare et au kilo, donne 450 à 671 kilogrammes égrenés, et de 1,350 à 2,013 kil. avec la graine.

Pour le coton Géorgie longue-soie, dans la Caroline du Sud et la Géorgie, le produit d'un acre est de :

100 à 150 livres de coton égrené, qualité courante, ce qui fait à l'hectare de 111 kil. à 167 kil. égrenés et de 444 à 668 kil. non égrenés ;

60 à 70 livres égrenés de *qualité fine*, ce qui donne à l'hectare de 67 à 78 kil. égrenés, et 335 à 390 kil. non égrenés ;

50 à 60 livres de qualité extra-fine, ce qui fait à l'hectare de 55 à 67 kil. égrenés, et 275 à 335 kil. non égrenés.

Nous avons donné au § II le résultat des cultures comparatives et expérimentales faites par nos soins.

De ces divers renseignements, on peut conclure que les rendements de la culture du coton en Algérie sont déjà aussi élevés qu'aux États-Unis, que plusieurs cultivateurs les ont déjà dépassés, et qu'ils seront généralement supérieurs dans l'avenir.

Cette perpective doit engager les cultivateurs algériens à persévérer dans la voie où ils sont entrés.

FIN

TABLE DES MATIÈRES

EXTRAITS DU CATALOGUE

DES MÊMES LIBRAIRES

MM. Delavigne, O. Mac Carthy, Ranc, Serpolet et Warnier

CHEMIN DE FER DE L'ALGÉRIE par la ligne centrale du Tell avec rattaches à la côte, accompagnée d'une CARTE DE l'ALGÉRIE indiquant le tracé et dressée exprès par M. *O. Mac Carthy* (ouvrage contenant une foule de renseignements inédits et relatifs à l'Algérie, à sa Topographie, ses populations, sa colonisation agricole, industrielle et commerciale, etc., etc.); grand in-octavo, prix. . . . . . . 2 fr.

M. L. et H. Helot

DICTIONNAIRE DE POCHE Français-Arabe et Arabe-Français, à l'usage des militaires, des voyageurs et des négociants en Afrique, ouvrage honoré de la souscription du Ministre de la Guerre, 2e tirage; 1 vol. in-18, relié en toile, prix.. . . . . 5 fr.

M. H. Cotelle

Ex-Drogman du consulat général de France à Tunis, 1er Drogman-Chancelier du consulat général de France à Tanger

LE LANGAGE ARABE ORDINAIRE OU DIALOGUES ARABES ÉLÉMENTAIRES, destinés aux Français qui habitent l'Afrique, et que leurs occupations retiennent à la campagne ou dans les différentes localités de l'Algerie, 2e édition, 1 vol. in-octavo oblong, prix broché . . 2 fr.
Relié en toile. 2 50

M. J. Honorat Delaporte

Chef du 4e bureau de la Préfecture d'Alger (Affaires Arabes)

PRINCIPES DE L'IDIOME ARABE EN USAGE A ALGER, suivis d'un conte Arabe, avec la prononciation et le mot à mot interlinéaires, ouvrage publié en vertu d'une autorisation ministérielle sur le rapport d'une Commission spéciale; 1 vol. in-octavo, prix . . . . . . 6 fr.

J. J. Marcel

VOCABULAIRE FRANÇAIS-ARABE des dialectes vulgaires Africains; d'Alger, du Maroc et d'Égypte; 1 vol. in-octavo (rare). . . . . . 15 fr.

MM. le général Daumas

Directeur des affaires de l'Algérie

et Fabar

LA GRANDE KABYLIE, études historiques; ouvrage publié avec l'autorisation de M. le Gouverneur-Général de l'Algérie (Alger, imprimerie Monginot), grand in-octavo, avec une carte spéciale, prix 7 fr. 50

M. Charles Richard

ÉTUDE SUR L'INSURRECTION DU DAHRA (Alger, imprimerie Besancenez); grand in-octavo. . . . . 3 fr. 50

De la Civilisation du Peuple Arabe (Alger, imprimerie Dubos Frères); grand in-octavo, prix . . . . 2 fr.

M. Ferdinand Lapasset

Aperçu sur l'organisation des indigènes dans les territoires militaires et dans les territoires civils (Alger, imprimerie Dubos Frères); grand in-octavo, prix . . . . 1 fr. 50

M. A.-E.-V. Martin

Médecin-adjoint de l'hôpital du Dey, ex-médecin en chef de l'hôpital de Ténez, etc.

Manuel d'hygiène, à l'usage des Européens qui viennent s'établir en Algérie, et précautions qu'ils doivent prendre pour s'acclimater à ce pays et y assurer leur santé (Alger, imprimerie Besancenez), in-octavo, prix . . . . 3 fr.

Douanes

Supplément au tarif général des Douanes de France, en ce qui concerne les droits spéciaux d'entrée et de sortie applicables en Algérie (Alger, imprimerie Dubos Frères); in-quarto, prix . . 3 fr.

Sous presse

M. A. Cherbonneau

Professeur à la Chaire d'Arabe de Constantine

Dialogues Arabes-Français à l'usage des fonctionnaires et des employés de l'Administration algérienne; 1 fort vol. in-octavo, imprimé à l'Imprimerie du Gouvernement, en vertu d'une autorisation spéciale de S. E. M. le Ministre de la Guerre.

M. A. Hardy

Directeur de la Pépinière centrale du Gouvernement

Manuel du Cultivateur du Sorgho sucré en Algérie (Alger, imprimerie Dubos Frères); 1 vol. format Charpentier.

M. E. Labat père

Manuel de l'éducateur des vers a soie en Algérie (Alger, imprimerie Dubos Frères); 1 vol. format Charpentier.

En préparation

M. O. Mac Carthy

Dictionnaire Géographique, Économique, Politique et Historique de l'Algérie, 1 vol. in-octavo, avec Cartes.

Alger. — Imprimerie Dubos Frères.

Sous presse

M. A. Cherbonneau

Professeur à la Chaire d'Arabe de Constantine

Dialogues Arabes-Français à l'usage des fonctionnaires et des employés de l'Administration algérienne; 1 fort vol. in-octavo, imprimé à l'Imprimerie du Gouvernement, en vertu d'une autorisation spéciale de S. E. M. le Ministre de la Guerre.

M. A. Hardy

Directeur de la Pépinière centrale du Gouvernement

Manuel du Cultivateur du Sorgho sucré en Algérie (Alger, imprimerie Dubos Frères); 1 vol. format Charpentier.

M. E. Labat père

Manuel de l'éducateur des vers a soie en Algérie (Alger, impriprimerie Dubos Frères); 1 vol. format Charpentier.

En préparation

M. O. Mac Carthy

Dictionnaire Géographique, Économique, Politique et Historique de l'Algérie, 1 vol. in-octavo, avec Cartes.

www.ingramcontent.com/pod-product-compliance
Ingram Content Group UK Ltd.
Pitfield, Milton Keynes, MK11 3LW, UK
UKHW021111260726
13994UKWH00002B/846